HANS-DIETRICH BAUER

Analytische Transmissions-elektronenmikroskopie

BEITRÄGE ZUR FORSCHUNGSTECHNOLOGIE

Schriftenreihe für Experimentalmethodik, Systemanalyse und Instrumentierung in der naturwissenschaftlichen, medizinischen und technischen Forschung

Begründet von Günther Lotz †

Herausgegeben vom 1. Vizepräsidenten der Akademie der Wissenschaften der DDR Ulrich Hofmann

BAND 13

Hans-Dietrich Bauer

Analytische Transmissions-elektronenmikroskopie

Mit 36 Abbildungen, davon 15 auf Kunstdrucktafeln, einem Frontispiz und 7 Tabellen

AKADEMIE-VERLAG BERLIN 1986

Anschrift des Autors:
Dr. sc. nat. Hans-Dietrich Bauer
Akademie der Wissenschaften der DDR
Zentralinstitut für Festkörperphysik und Werkstofforschung
8027 Dresden, Helmholtzstr. 20

Manuskriptabschluß: März 1985

ISSN 0323-5130

Erschienen im Akademie-Verlag Berlin, DDR-1086 Berlin, Leipziger Str. 3—4

Lizenznummer: 202 · 100/427/86
Printed in the German Democratic Republic
Gesamtherstellung: VEB Druckerei „Thomas Müntzer", 5820 Bad Langensalza
Einbandgestaltung: Karl Salzbrunn
LSV 1175
Bestellnummer: 763 572 4 (2167/13)
01200

Zum Geleit

Am 22. November 1985 vollendet Professor Dr. ALFRED RECKNAGEL in Dresden das 75. Lebensjahr. Aus diesem Anlaß sei ihm die vorliegende Schrift gewidmet. Der Autor, selbst ein Schüler des Jubilars, vertritt hiermit den großen Kreis derer, die in etwa drei Jahrzehnten durch die RECKNAGELsche Schule gegangen sind.

Veranlassungen für diese Würdigung sind gar viele zu verzeichnen: In einem mehr als vier Jahrzehnte umspannenden aktiven beruflichen Wirken hat er als Forscher und Lehrer eine Fülle an Leistungen und Erfolgen angereichert, von denen Wirkungen ausgehen und Nachwirkungen nicht ausbleiben werden. Heutzutage wird leicht vergessen, daß ALFRED RECKNAGEL die Anfangsgründe der Elektronenoptik und Elektronenmikroskopie mit gelegt hat. „Die theoretischen Grundlagen der Elektronenoptik wurden hauptsächlich von Scherzer, Glaser, Henneberg und Recknagel ausgebaut", schrieb HANS MAHL. Und GOTTFRIED MÖLLENSTEDT äußerte sich anläßlich eines Kolloquiums am Physikalischen Institut der damaligen TH Dresden, auf die Person bezogen, noch deutlicher zu diesen fundierenden Leistungen.

In den Jahren 1935 bis etwa 1945 erschienen in beeindruckend regelmäßiger Folge RECKNAGELS Pionierarbeiten zu diesem Themenkreis. Es begann Mitte der dreißiger Jahre, teilweise gemeinsam mit W. HENNEBERG, mit Betrachtungen zum *chromatischen Fehler* bei elektronenoptischen Anordnungen sowie zur *Wirkungsweise der elektrostatischen Einzellinse.* Dieses System kann als Sammellinse, Sammel- oder Zerstreuungsspiegel wirken, je nach der Wahl der Potentiale zwischen den drei koaxialen Lochblenden. Weiterhin berichteten E. BRÜCHE und A. RECKNAGEL „Über *Modelle elektrischer und magnetischer Felder* der Elektronenoptik". Ferner galt RECKNAGELS Interesse allgemein den Fehlern von Elektronenlinsen und speziell dem *Öffnungsfehler* von elektrostatischen Einzellinsen. 1941 erschien als eine der ersten Zusammenfassungen das Buch „Elektronengeräte" (Koautor: E. Brüche) sowie eine grundlegende Arbeit „Zur Theorie des elektrischen *Elektronenmikroskops für Selbststrahler".* Darin stellt er u. a. fest, daß, sofern einige Voraussetzungen erfüllt sind, die Auflösung umso besser wird, je höher die Feldstärke vor der Kathode ist. Die 1941 noch *geometrisch-optisch* betrachtete Frage greift er 1943, anläßlich der Habilitation, erneut auf, nunmehr *wellenoptisch* behandelt, und zeigt, daß die hergeleiteten Beziehungen die obere und die untere Grenze der Auflösung des Emissionselektronenmikroskops angeben. Etwa zwei Jahrzehnte später wird das Problem vertiefend durchdacht, nunmehr gemeinsam mit F. STORBECK, mit dem Resultat, daß die sphärische und die chromatische Aberration des elektrischen Feldes vor dem Objekt den Kontrast feiner Details ungünstig beeinflussen. Die Praxis der Emissionselektronenmikroskopie hat diese Voraussagen inzwischen vollauf bestätigt.

Der Ausgangspunkt für die Laufbahn als Hochschullehrer mag in einer in den „Physikalischen Blättern" unter dem Datum vom 28. 11. 1946 erschienenen Notiz zu finden sein: „Dr. A. Recknagel hat den Wiederaufbau des Praktikums für Fortgeschrittene (am Physikalischen Institut der Universität Jena; D. S.) übernommen." Seine hauptamtliche Tätigkeit galt jedoch zu dieser Zeit der Entwicklung eines elektrostatischen Durchstrahlungsgerätes bei der Firma Carl Zeiss in Jena. (Der Verfasser dieser Zeilen hatte seinerzeit mit diesem Mikroskop, dem Elmi C, eine dankbar empfundene, erlebnisreiche Tätigkeitsperiode.)

Wir stützen uns auf die Leistungen derer, die uns vorausgehen, bereichern das anvertraute Gut und tragen es weiter, so auch A. RECKNAGEL: 1948 folgte er dem Ruf als ordentlicher Professor und Direktor des Physikalischen Instituts an die Technische Hochschule Dresden. *Lehren, Forschen, Bauen,* lautete nunmehr die dreifältige Aufgabe. Mit Improvisationen und Steinbaracken begann es, und schließlich stand – auch dank großzügiger Förderung durch staatliche Stellen – ein großes Physikinstitut. Eine junge, z. T. noch studierende Mannschaft half nach Kräften, eine Sammlung von Demonstrationsexperimenten für die große Experimentalphysik – Vorlesung sowie Praktika – aufzubauen. Bewährtes wurde übernommen, weiterentwickelt, Neues kam hinzu. Davon kündet auch das vierbändige Lehrbuch „Physik", „Der Recknagel", eine Grundlage für den hier praktizierten, eigenständigen Lehrbetrieb.

Die Forschung betraf, anknüpfend an die früheren Bestrebungen, zunächst die Elektronenoptik, konzentriert auf nicht konventionelle Abbildungsverfahren und Elektronenmikroskopie, also spezielle Anwendungen des Durchstrahlungsmikroskops, des Spiegel- und des Emissionsmikroskops sowie des Feldelektronenmikroskops. Konstruktive und experimentelle Arbeiten galten diesen Geräten, aber auch einem Elektronenstrahlbearbeitungsgerät zum Bohren und Fräsen, speziellen Elektronenbeugungsapparaturen und schließlich universellen Oberflächengeräten. Diese erlauben die Emissionsmikroskopie, die Elektronenbeugung mit schnellen und langsamen Elektronen im Ultrahochvakuum sowie die Energieverlustanalyse (auch die Auger-Elektronenspektroskopie) in Reflexion, dies alles an ein und demselben Objekt.

Unter solchen Bedingungen – also denen der Methodenkopplung – ergeben sich im Sinne der Forschungstechnologie, wie es G. O. MÜLLER in Band 1 dieser Schriftenreihe formuliert hat, „Aussagen von potenzierter Verläßlichkeit". Das trifft uneingeschränkt, ja sogar noch umfassender für das in diesem Band behandelte Thema „Analytische Transmissionselektronenmikroskopie" zu. In der Zielsetzung ist diese Arbeitsrichtung an sich chemische Analytik im klassischen Sinne, heutzutage jedoch mit moderner, durchweg physikalischer Ausrüstung und Methodik, zudem noch rechnergekoppelt, ausgeführt. Was in dieser Schrift den aktuellen Stand im Überblick reflektiert, bedient sich empfindlicher elektronenoptischer Verfahren in Durchstrahlung, einschließlich der elektronenmikroskopischen Abbildung und der Elektronenbeugung.

Auch für diese spezialisierte Arbeitsrichtung haben A. RECKNAGEL und seine Mitstreiter etliche Grundlagen bereitgestellt und Pionierarbeit geleistet. Forschungstechnologisch betrachtet, war es folgerichtig, daß sich in seinem Team schließlich die Arbeitsrichtung „Physik der Festkörperoberflächen" herausbildete, die es nunmehr erlaubt, sämtliche Erfahrungen und jegliche Methodik „seines Hauses" konzentriert auf einen vielschichtigen aktuellen Fragenkomplex anzusetzen.

Werfen wir einen Blick zurück: Ende der dreißiger Jahre war die Freude über 20 bis 30 nm Punktauflösung in der elektronenmikroskopischen Abbildung groß, von der Analytik war bei weitem noch nicht die Rede. Heute ist die Auflösung besser als 0,3 nm, die Abbildung im atomaren Bereich also möglich, und der Elementnachweis erreicht in günstigen Fällen eine Empfindlichkeit von 10^{-20} g.

Dieser Entwicklung hat auch Professor RECKNAGEL seinen besonderen Stempel aufgedrückt und überdies, stets unbestechlich, „Klarheit und Strenge" verbindend, etliche Nachwuchsgenerationen an die Physik herangeführt. Er hat zudem — immer wieder und maßgeblich — qualifizierend zur Grundlegung der Physikausbildung im gesamtstaatlichen Rahmen gewirkt. Es ist ferner sein Verdienst, daß sich die Elektronenmikroskoper unseres Landes im „Fachverband Elektronenmikroskopie" der Physikalischen Gesellschaft und auf Arbeitstagungen zusammenfinden können.

Wir sind gewiß, daß Kollegen, Freunde, Schüler und Bewunderer in unsere Würdigung einstimmen, Freude über die ihm gelungene Synthese zwischen Berufung und Beruf empfinden sowie Orientierungen am Wesen und Wirken des Jubilars gewinnen. Das möge noch recht lange so bleiben.

Für die Herausgeber

Dietrich Schulze

Inhalt

Contents

Содержание

1. Einleitung

Das Transmissionselektronenmikroskop (TEM) kann auf eine mehr als fünfzigjährige Geschichte zurückblicken und hat in dieser Zeit eine eindrucksvolle Entwicklung erfahren. Verglichen mit den ersten Ergebnissen sind im Informationsgehalt der elektronenmikroskopischen Abbildung von physikalisch-technischen sowie biologisch-medizinischen Objekten große Fortschritte erreicht worden.

Nicht zu Unrecht wird dabei an erster Stelle die immense Steigerung der lateralen Auflösung gesehen. Ausgehend von einstmals 100 nm ist man jetzt bei Objekteinzelheiten von 0,1 nm angelangt, die im elektronenmikroskopischen Bild unterschieden werden können. Damit ist man in den atomaren Bereich des Materieaufbaus vorgedrungen. Gleichzeitig wuchs aber auch die Schwierigkeit der Bilddeutung und -auswertung, die nicht ohne spezielle Kenntnisse der elektronenoptischen Gesetzmäßigkeiten auf der einen Seite und der Wechselwirkungsmechanismen zwischen Strahlung und Festkörper auf der anderen Seite auskommt. Die Möglichkeiten und Grenzen der Bildinterpretation von Hochauflösungsabbildungen sind im Rahmen der Schriftenreihe „Beiträge zur Forschungstechnologie" bereits dargelegt worden [1].

Seit den Anfängen der Elektronenmikroskopie besteht der Wunsch, die morphologischen Aussagen der elektronenmikroskopischen Abbildung durch Informationen über die chemische Zusammensetzung der beobachteten Bildeinzelheiten zu ergänzen und so die Bildinterpretation durch analytische Meßergebnisse wirksam zu unterstützen.

Als die älteste analytische Methode am Elektronenmikroskop ist zweifellos die *Elektronenbeugung* anzusehen. Sie liefert eine Beschreibung der Kristallstruktur, aus der sich bei einiger Vorkenntnis über die ungefähre Zusammensetzung des Objektes in vielen Fällen auf die beobachteten Elemente schließen läßt. Allerdings sind solche Schlüsse oft nicht eindeutig und naturgemäß auf kristalline Objekte beschränkt.

In die vierziger Jahre gehen erste Ansätze zurück, zur Elementbestimmung die charakteristischen Signale zu nutzen, die beim Durchgang der Elektronen durch Materieschichten infolge unelastischer Streuung entstehen. Die Versuche von HILLIER und BAKER 1944 [2] mit dem Energiespektrum der Elektronen und die Anordnung von CASTAING und GUINIER 1949 [3] zur Ausnutzung des charakteristischen Röntgenspektrums werden allgemein als Ausgangspunkte dieser Entwicklung angesehen.

Beim damaligen Stand der Experimentiertechnik war freilich an eine Verknüpfung mit der submikroskopischen Abbildung zunächst nicht zu denken. Mit der Weiterentwicklung der Spektrometer und Detektoren, der Verbesserung der elektronenoptischen Strahlführung und der Entwicklung geeigneter Datenaufnahmetechnik wurden die Methoden nach 1960 allmählich für die Elektronenmikroskopie attraktiv, beschleunigt durch die beginnende Durchsetzung der Rastermikroskope, in denen eine intensive, wohlfokussierte Elektronensonde zur Verfügung stand. Die Geräteindustrie nahm sich zuerst der Kombination von Röntgenspektroskopie und Rasterelektronenmikroskopie für Kompaktoberflächen an. Mit dem Aufkommen des energieauflösenden und effektiven Halbleiterdetektors wurde eine gute Möglichkeit für den Anschluß auch an Durchstrahlungsmikroskope gegeben und zusammen mit dem Rasterdurchstrahlungskonzept (Scanning-Transmissionselektronenmikroskop: STEM) etwa ab Mitte der siebziger Jahre kommerziell verwirklicht. Seitdem hat sich die *Energiedispersive Röntgenspektroskopie* (EDXS) außerordentlich schnell verbreitet und gehört zur Standardausrüstung vieler transmissionselektronenmikroskopischer Labors.

Die *Elektronenenergieverlustspektroskopie* (EELS) als weitere und die Röntgenspektroskopie ergänzende analytische Methode hat aus verschiedenen Gründen erst seit etwa 1980 und seitdem zunehmend einen größeren Nutzerkreis gefunden, begünstigt durch die Tatsache, daß ein großer Teil der für die EDXS installierten Gerätetechnik nebenher für die Aufnahme und Verarbeitung der Verlustspektren genutzt werden kann.

Für die Kombination zwischen Transmissionselektronenmikroskopie, Röntgenspektroskopie und Verlustspektrometrie hat sich heute der Begriff *Analytische Transmissionselektronenmikroskopie* eingebürgert. Diese ermöglicht neben einer hochaufgelösten Abbildung Aussagen über die chemische Zusammensetzung in Bereichen unter 0,1 μm Ausdehnung. Am *Analytischen TEM* lassen sich weiterhin über Elektronenbeugung Informationen zur Kristallstruktur und mit verfeinerter spektroskopischer Meß- und Auswertetechnik über die Elektronenstruktur und den Bindungszustand einschließlich von Nachbarschaftsverhältnissen gewinnen. Die Untersuchungstechnik hat zu beachtlichen Fortschritten auf vielen Applikationsgebieten geführt, wie die Aufklärung von Segregationsmechanismen an Korngrenzen, das Verfolgen von Diffusionsprofilen oder die Darstellung der Elementverteilung in biologischen Dünnschnitten, um nur einige Beispiele zu nennen.

Die moderne Gerätetechnik macht es heutzutage auch dem weniger Geübten leicht, zu spektakulären elektronenmikroskopischen Bildern und durch Knopfdruck zu korrigierten chemischen Analysen mit scheinbar hoher Präzision zu gelangen. Um solche Ergebnisse jedoch richtig einzuordnen, ist es unerläßlich, die physikalischen Grundlagen der Untersuchungsmethode genau zu kennen und ihre Möglichkeiten und Grenzen sachkundig einzuschätzen. Die vorliegende Arbeit will sich in diesem Sinne verstanden wissen, indem der augenblickliche forschungstechnologische Stand dargelegt und Entwicklungstendenzen aufgezeichnet werden. Die elektronenmikroskopische Abbildungstechnik wird dabei nicht behandelt, ebensowenig der Kontrastmechanismus bei der konventionellen oder rastermikroskopischen Bildentstehung. Dazu kann auf die ersten

Abschnitte des erwähnten Beitrages [1] verwiesen werden. Ausführlich wird auf die Analysenmethoden EDXS und EELS eingegangen. Ferner werden neue Beugungsverfahren vorgestellt, die durch die Besonderheiten der analytischen Mikroskopie möglich geworden sind. Zunächst sollen aber die leistungsbestimmenden gerätetechnischen Aspekte besprochen werden.

2. Komponenten des Analytischen Transmissionselektronenmikroskopes (TEM)

Die heute am meisten verbreiteten Ausführungsvarianten des Analytischen TEM haben sich aus dem „klassischen" konventionellen Durchstrahlungsmikroskop entwickelt, wie das aus dem äußeren Habitus auf einen Blick ersichtlich ist (vgl. Abb. 1, Tafelteil). Von Gerätegeneration zu Gerätegeneration war dabei die zunehmende Integration aller Bestandteile zu einem komplexen Gerätesystem zu beobachten, in das die Abbildungs- und Analysenmethoden bis hin zur quantitativen Auswertung einbezogen sind. Das Zusammenspiel ist in Abbildung 2 schematisch dargestellt.

Von Bedeutung für den Leistungsumfang sind die folgenden Komponenten:

1. Das Vakuumsystem für die Mikroskopsäule mit $p \leq 10^{-4}$ Pa: Zuerst mit mehreren Diffusionspumpen arbeitend, zwangen die erhöhten Anforderungen an Kontaminationsfreiheit im Objektraum und Langzeitstabilität der Katode zur Einführung von Turbomolekular- und treibmittelfreien Ionenzerstäuberpumpen bei konsequenter Vermeidung von gummi- und fettgedichteten Trennstellen und Durchführungen.
2. Der Strahlerzeuger für 50 bis 200 kV Beschleunigungsspannung (Tendenz: 400 kV) ist nur noch selten mit Wolfram-Glühkatode bestückt. Erhöhte Richtstrahlwerte liefern Lanthanhexaborid- (Faktor > 10) oder Feldemissionsstrahler (Faktor > 10^3); letztere erfordern allerdings Ultrahochvakuum.
3. Das mehrstufige Kondensorsystem dient im Verein mit der Nachbeschleunigungsoptik des Strahlers und dem Vorfeld der Objektivlinse zur breiteren oder feinstgebündelten Bestrahlung des Objektes; es enthält Spulensysteme zur statischen oder periodischen Strahlablenkung und -kippung.
4. Die stark erregte Objektivlinse mit seitlicher Objekteinführung: Im Interesse von Objektmanipulationen (Kippung, Rotation, Heizung, Kühlung, Dehnung) und zur Entnahme von Signalen besitzt das Objektiv relativ breite Polschuhbohrungen bei noch genügend kleinen Aberrationskoeffizienten.
5. Das mehrstufige elektronenoptische Abbildungssystem: Es entwirft auf dem Leuchtschirm oder der Fotoplatte das bis über 100 000fach vergrößerte Endbild (konventionelle Transmissionsmikroskopie) oder ein Beugungsbild.
6. Der Rasterzusatz mit Bildröhren für Beobachtung und Aufnahme von rastermikroskopischen Abbildungen.
7. Der seitlich an der Objektkammer angebrachte Festkörperdetektor zur Erzeugung des Röntgenspektrums (EDXS) oder eines röntgenintensitätsmodulierten Rasterbildes.
8. Die oberhalb des Objektes angeordneten Empfänger für rückgestreute Elektronen und für Sekundärelektronen zur rastermikroskopischen Oberflächenabbildung (SEM).

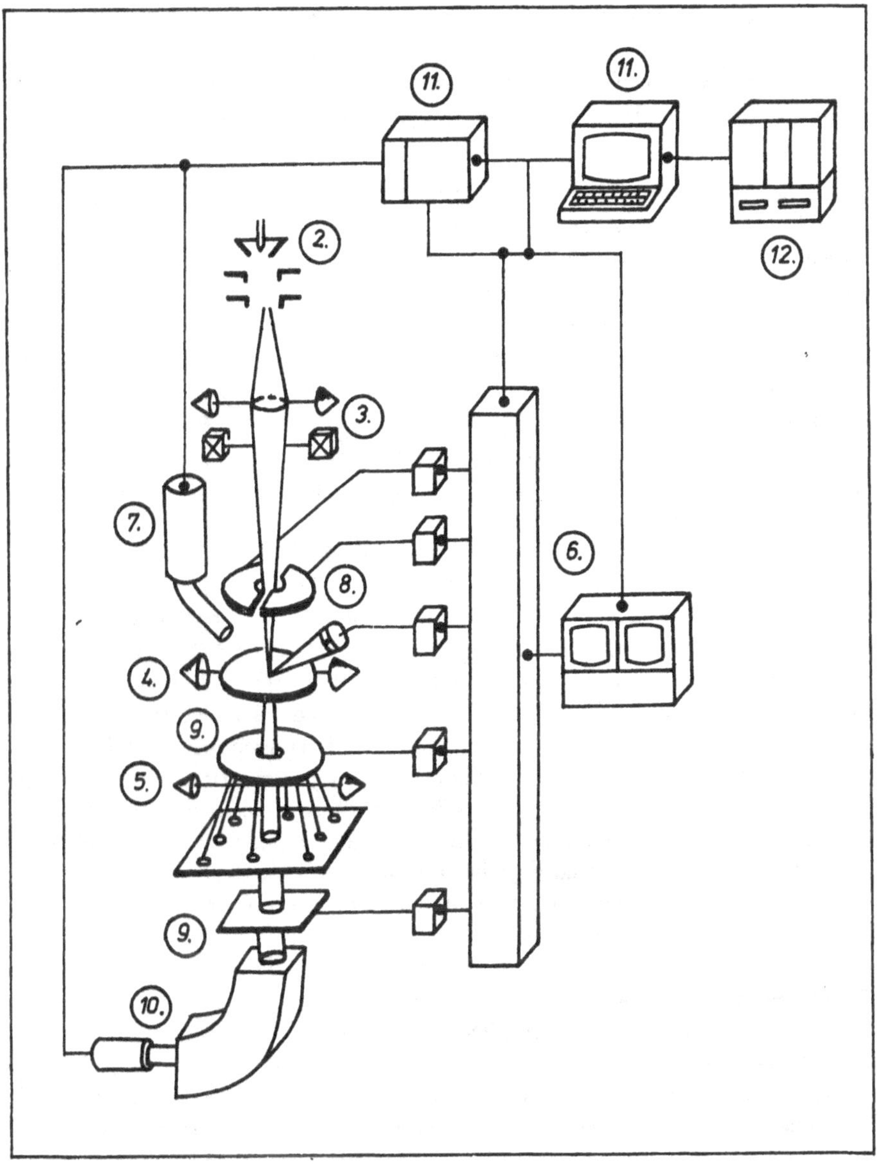

Abb. 2. Übersicht zu den Abbildungs- und Analysemöglichkeiten des Analytischen TEM [69]

9. Der unterhalb des Objektes angeordnete Elektronendetektor zur rastermikroskopischen Transmissionsabbildung (STEM).
10. Das Elektronenspektrometer mit Detektor zur Aufnahme des Energieverlustspektrums (EELS) oder energiegefilterter Rasterbilder.

11. Der Vielkanalanalysator mit Eingabetastatur und Farbbildschirm zur Spektrendarstellung.
12. Der Kleinrechner für die Steuerung und Auswertung der Experimente mit angeschlossenem Ergebnisdrucker und Diskettenlaufwerk zur Speicherplatzerweiterung.

Bei der Entwicklung des Analytischen TEM war stets das kollektive simultane Wirken möglichst vieler Methoden an ein und derselben Objektstelle der Leitgedanke für die Konstruktion. Universalität ist nicht immer vereinbar mit Höchstleistung im Einzelverfahren, Kompromisse mußten in Kauf genommen werden. Das betrifft beispielsweise die laterale Auflösung der konventionellen Abbildung, wo die analytischen Geräte durch die Auslegung des Objektivs und die Objektführung lediglich 0,3 bis 0,4 nm Punkttrennung erreichen gegenüber 0,2 nm von Hochauflösungsgeräten. Ähnliches trifft auf die Röntgenspektroskopie zu, bei der mit Rücksicht auf Justierempfindlichkeit und Objektbelastung die in mancher Hinsicht leistungsfähigere wellenlängendispersive Spektroskopie keinen Eingang gefunden hat.

Als bekannte Vertreter der beschriebenen TEM/STEM-Gerätekonfiguration seien genannt die CX- und FX-Typen von JEOL, PHILIPS-EM 420, HITACHI-H 700 sowie EM 10 C von OPTON. Ein anderer Weg zur hochaufgelösten Analytik wurde mit dem HB 5 der Firma VG beschritten (Abb. 3, Tafelteil). Unter Verzicht auf den konventionellen Abbildungs- und Beugungsstrahlengang wurde die Konstruktion vorrangig auf feinsten Sondendurchmesser ausgelegt. Die Abbildung erfolgt allein über STEM. Hinsichtlich lateraler Auflösung und analytischer Grenzen handelt es sich um ein ausgesprochenes Hochleistungsgerät, das allerdings wegen des Feldemissionsstrahlers und der dazu unerläßlichen Ultrahochvakuumbedingungen für den robusten Laborbetrieb mit hohem Probendurchsatz weniger geeignet erscheint.

In jüngster Zeit werden in einigen Laboratorien weitere spektroskopische Verfahren, wie die *Photoelektronenspektroskopie* (ESCA) oder die *Auger-Elektronenspektroskopie* (AES), mit der durchstrahlungsmikroskopischen Abbildung verbunden. Bislang sind solche Kombinationen jedoch wenig verbreitet, da die Domäne dieser extrem oberflächenspezifischen Methoden in der Untersuchung von dünnsten Schichten auf kompakten Substraten liegt.

Zu der an analytischen Geräten installierten Rechentechnik ist zu bemerken: Jedes Gerätesystem verfügt über Mikrorechner, die für spezielle Aufgaben fest programmiert wurden. Ein solcher Mikrorechner ist in der Regel in das Bildschirmterminal für die Spektrendarstellung einbezogen. Er ermöglicht durch Einzelknopfbedienung das Aufnehmen und Löschen von Spektren, deren Überführung in Hintergrundspeicher, das Verändern von Skalen und Maßstäben, Darstellung von Bildschirmtext, Vorgabe der Aufnahmedauer, Ansteuerung eines Plotters und ähnliches. Die neuesten Mikroskope verfügen über Mikrorechner zur Einstellung wichtiger Geräteparameter. Über eine alphanumerische Eingabetastatur werden beispielsweise der Abbildungsmodus, die Sonden- oder Objektposition, der Abbildungsmaßstab, Kondensoreinstellung, Defokussierung usw. vorgegeben. Die Werte können gespeichert und bei Bedarf rückgerufen werden, was der raschen Routinearbeit zugutekommt; außerdem lassen sie sich ausdrucken und dem Aufnahmeprotokoll hinzufügen.

Als zentralen Rechner enthalten die Gerätesysteme einen freiprogrammierbaren Kleinrechner mit gewöhnlich 56 kByte Speicherkapazität. Da ein Spektrum aus 1024 Kanälen bereits mehr als 2 kByte beansprucht, wäre der Speicher bald ausgeschöpft. Zur externen Speicherplatzerweiterung sind daher zwei Diskettenlaufwerke vorhanden. Auf eine Magnetplatte (floppy disk) passen 512 kByte. Der Gerätenutzer verfügt über ein Betriebsprogramm, das er von einer solchen Platte in den Rechner übernimmt. Damit kann er – bildschirmgestützt und über Eingabetastatur – den Ablauf der spektroskopischen Untersuchungen steuern. Zu den vorhandenen Standardoperationen gehören: Spektrenglättung, Untergrundabzug, Linienidentifizierung (qualitative Analyse), Entfaltung, Kalibrierung, Abspeicherung, Rückruf, Matrixkorrekturen, Vergleich mit Standardspektren, Konzentrationsberechnungen (quantitative Analyse). Numerische Ergebnisse können vom Bildschirm abgelesen oder über Drucker ausgegeben werden. Darüber hinaus gestattet der Rechner natürlich das Arbeiten mit eigenen Programmen, die auf das Tätigkeitsprofil des Labors besser zugeschnitten sind als die Firmensoftware.

Entwicklungstrends auf dem kommerziellen Sektor zielen vorrangig auf Speicherplatzerweiterung und Verkürzung der Rechenzeiten. Damit vergrößern sich die Möglichkeiten des Analytischen TEM beispielsweise im Hinblick auf Bildspeicherung und bildschirmgestützte morphometrische Bildauswertung. Die Gerätefirmen sind ferner bemüht, ihre Systeme durch höheren Bedienungskomfort nutzerfreundlicher zu gestalten. Das Analysesystem KEVEX 8000 sieht zum Beispiel die Funktionssteuerung über das gesprochene Wort und die Ergebnisdarstellung mittels Graphiken und Histogrammen vor.

3. Elementanalyse durch Energiedispersive Röntgenspektroskopie (EDXS)

3.1. Signalgewinnung

Bei der Wechselwirkung zwischen Primärelektronenstrahl und Objektatom kann ein Elektron mit kernnahem Niveau auf einen freien Platz in der Nähe der Fermi-Grenze gehoben werden oder als ungebundenes Elektron den Festkörper verlassen (Abb. 4). Der entsprechende Energiebetrag wird dem Strahlelektron entzogen und läßt sich als charakteristischer Energieverlust registrieren. Durch Wiederauffüllung des kernnahen Niveaus wird Energie frei, die in Form eines Röntgenquants emittiert oder auf ein Auger-Elektron übertragen wird. Die Röntgenstrahlung wird nach der Schale benannt, zu der der Übergang geführt hat. Das auffüllende Niveau liefert die Indizierung. Die in Abbildung 4 eingetragene $K\alpha_1$-Strahlung ist die intensitätsreichste gegenüber sonst möglichen ($K\beta$, $K\gamma$, L-Serie, M-Serie, usw.).

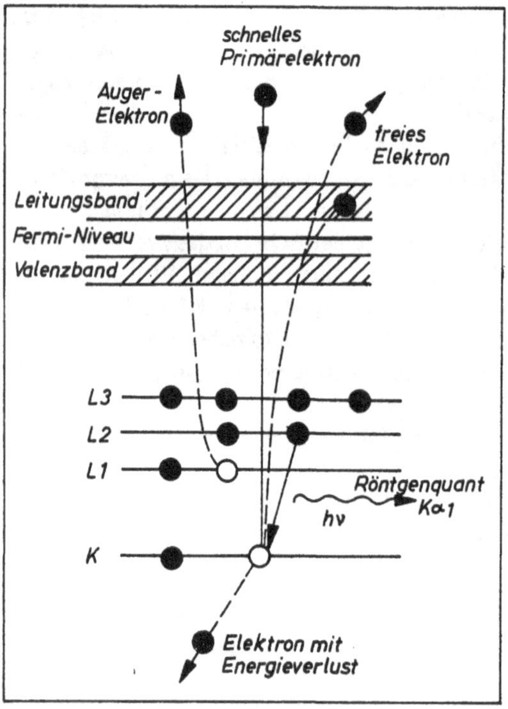

Abb. 4. Zum Elementarprozeß der Wechselwirkung zwischen Strahlelektron und Festkörperatom

Die Röntgenquanten müssen vom Detektor hinsichtlich ihrer Sorte bewertet werden. In der Elektronenstrahlmikroanalyse sind bekanntlich zwei Zerlegungsmethoden in Gebrauch: das auf Beugung beruhende Kristallspektrometer (wellenlängendispersive Methode) und der energieempfindliche Festkörperdetektor (energiedispersive Methode). Im Analytischen TEM wird im Interesse kurzer Aufnahmezeiten nur der Festkörperdetektor eingesetzt, der bei mindestens 100fach höherer Detektionseffektivität alle charakteristischen Spektrallinien gleichzeitig erfaßt.

Als Detektormaterial dient lithiumgedriftetes Silizium, in dem jedes Röntgenquant in Elektronen-Loch-Paare umgewandelt wird. Der Detektor muß ständig auf tiefer Temperatur gehalten werden. Durch ein anliegendes elektrisches Feld werden die Ladungen gesammelt, und dadurch wird ein Impuls ausgelöst. Da pro gebildetem Ladungsträgerpaar ein fester Energiebetrag benötigt wird, bei der Betriebstemperatur unter −100 °C nämlich 3,8 eV, ist die gesammelte Ladung und damit die Impulshöhe proportional zur Energie des Röntgenquants, die Impulsanzahl proportional zur Intensität. Die Impulse werden nach Analog/Digital-Wandlung entsprechend ihrer Höhe durch einen Vielkanalanalysator auf der Energieskala eingeordnet. Auf dem Spektrometerschirm entsteht ein Spektrum, das die Impulsanzahl als Funktion der Energie wiedergibt.

Aus dem Bremsstrahlenkontinuum heben sich als Peaks die charakteristischen Röntgenstrahlen der Objektatome heraus. Die Halbwertsbreite der Peaks bestimmt die Energieauflösung, sie ist ein Gütemerkmal des Detektors. Sie hängt schwach von der Energie ab und wird gewöhnlich für die Mn-Kα-Linie angegeben. Übliche Detektoren erreichen 150 bis 160 eV, bei sorgfältiger (und entsprechend teurer) Fabrikation 140 eV.

Die herkömmlichen Detektoren besitzen ein Eintrittsfenster aus einer 20 nm dicken elektrisch leitenden Goldschicht sowie einer 0,5 μm starken inaktiven Siliziumzone. Zur Abtrennung von der Restgasatmosphäre des Mikroskops dient weiterhin ein zwischen 5 und 25 μm starkes Berylliumfenster. Die Ansprechwahrscheinlichkeit beträgt nahezu 100 % zwischen 2 und 20 keV Photonenenergie. Darüber ist sie geringer, weil die Strahlung nicht mehr vollständig im Detektorvolumen absorbiert wird. Für Photonen unter 1 keV (Elemente mit $Z < 11$) nimmt die Ansprechwahrscheinlichkeit aufgrund der Fensterabsorption so stark ab, daß keine Messungen mehr möglich sind. Der Effekt ist in Abbildung 5 graphisch dargestellt.

Zum Nachweis der Elemente mit Ordnungszahlen unter 11 sind neuerdings sogenannte fensterlose Detektoren verfügbar [8], die aber Ultrahochvakuumbedingungen erfordern, um die Vergiftung durch Adsorbate an der gekühlten Oberfläche zu vermeiden.

Weiter sind Vorkehrungen notwendig gegen Photoleitfähigkeit durch sichtbares Licht sowie gegen auftretende Elektronen. Einen brauchbaren Kompromiß bilden die Ultradünnfensterdetektoren, die anstelle des Berylliumfensters

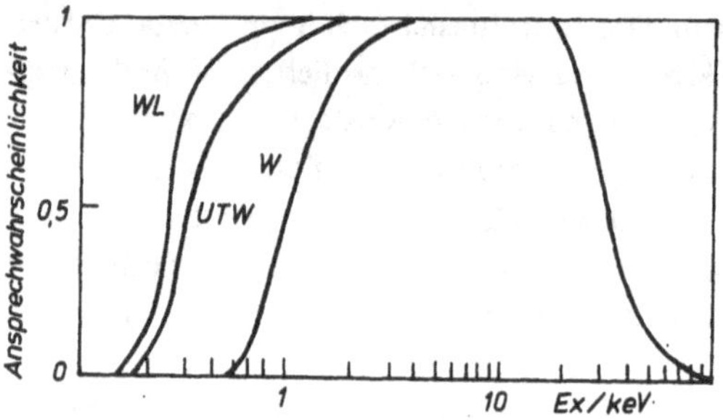

Abb. 5. Ansprechwahrscheinlichkeit eines 3 mm dicken Si(Li)-Detektors in Abhängigkeit von der Energie E_x der Röntgenstrahlung [6, 7], W – mit 8 μm-Be-Fenster, UTW – mit Ultradünnfenster, WL – ohne äußeres Fenster

einen nur 100 nm dicken Aluminiumfilm besitzen [9]. Im Spektralbereich unter 1 keV ist zwar die Detektorauflösung besser als 100 eV, doch kann es gerade im Bereich der Leichtelemente, wie C, N, O, zu drastischen Überlagerungen mit L- und M-Linien mittelschwerer Elemente kommen. Hinsichtlich der Folgeelektronik ist erheblicher Aufwand erforderlich, um das Rauschen genügend zu unterdrücken [10]. Um den unterschiedlichen Einsatzbedingungen besser gerecht zu werden, bringen die Gerätefirmen jetzt Detektoren mit Wechselfenstern auf den Markt.

Beim Betrieb des Röntgenspektrometers am TEM entsteht eine Reihe konstruktionsbedingter Störungen, die im Mikroanalysator nicht auftreten. Das sind einmal harte Röntgenstrahlen, die vom Elektronenstrahlerzeuger oder von obenliegenden Blenden des elektronenoptischen Strahlenganges ausgehen und im Objektraum zu unerwünschten Fluoreszenzen führen. Zum anderen lösen im Objektraum umherirrende Streuelektronen Röntgenstrahlen außerhalb der beobachteten Objektstelle, vor allem an Polschuhberandungen, am Objekthalter und Objektträgernetz, an der Antikontaminationseinrichtung usw. aus und liefern Fehlersignale sowie im Verein mit direkt auf den Detektor gelangenden Rückstreuelektronen eine Erhöhung des Untergrundes. Gerätehersteller und Anwender haben es inzwischen gelernt, durch Einbau entsprechend dicker Blenden, Auskleiden der kritischen Wandungen mit Kohle oder Beryllium, Anwendung röntgenneutraler Objekthalter und -träger sowie sorgfältige Kollimierung des Elektronen- und Röntgenstrahlenganges die Störungen auf ein erträgliches Maß herabzusetzen. Es wird jedoch noch oft übersehen, daß bei heterogenen Objekten die quantitative Analyse durch den Beitrag der Nachbarbezirke stets einem systematischen Fehler unterliegt. Spektren mit weitgehender Störfreiheit können durch eine Koinzidenzmethode erhalten werden [11]. Damit werden nur diejenigen Röntgenquanten gezählt, mit denen gleichzeitig hinter dem Objekt ein Verlustelektron auftrifft. Die außerordentlich hohen Ansprüche, die die Methode an die Zeitauflösung stellt, dürfte ihre Einführung in die kommerzielle Gerätetechnik in nächster Zeit in Frage stellen.

3.2. Laterales Auflösungsvermögen

Das laterale analytische Auflösungsvermögen wird durch das kleinstmögliche Anregungsvolumen für die Röntgenstrahlung festgelegt. Gegenüber der herkömmlichen Mikroanalyse an kompakten Festkörperoberflächen, wo die Ausdehnung der „Anregungsbirne" etwa 1 µm beträgt, ist die Situation am Analytischen TEM weitaus günstiger. Das liegt einmal an der guten Elektronenbündelfokussierung, die hier für die STEM-Abbildung vorhanden ist, zum anderen an der geringen Schichtdicke und hohen Strahlspannung, wodurch es im Objekt nur zu geringer Strahlverbreitung kommt.

Für die Diskussion des Anregungsvolumens muß zwischen gerätebedingten und objektabhängigen Einflußgrößen unterschieden werden. Wenden wir uns unter den gerätebedingten zunächst dem Sondendurchmesser unmittelbar vor dem Objekt zu. Mit den zwei- oder dreistufigen Kondensorsystemen der heutigen TEM/STEM-Geräte können unter Mitwirkung des Objektivlinsenvorfeldes leicht Elektronensonden von wenigen Nanometer Durchmesser erzeugt werden. Wichtig ist aber, welche Strahlstromstärke darin untergebracht werden kann; das hängt vom Richtstrahlwert des Strahlerzeugers ab. Zur Auswahl stehen die einfache Wolframglühkatode, die Lanthanhexaborid (LaB_6)-Katode sowie der Feldemissionsstrahler. Tabelle 1 enthält eine Zusammenstellung der Betriebswerte.

In Abbildung 6 sind die im modernen TEM/STEM-System typischen Sondenströme in Abhängigkeit vom erreichbaren Sondendurchmesser aufgetragen. Für genügend rauscharme rastermikroskopische Abbildungen sind erfahrungsgemäß 10^{-10} A Sondenstrom erforderlich, für die Zwecke der EDXS benötigt man im Interesse nicht zu großer Analysezeiten etwa 10^{-9} A. Mit der W-Glüh-

Tabelle 1
Typische Betriebswerte von Elektronenstrahlern

Bezeichnung	W-Glühkatode	LaB_6	W-Feldemission
Spitzendurchmesser/µm	200	2	0,05
Betriebstemperatur/°C	3000	2000	20
erforderliches Vakuum/Pa	10^{-2}	10^{-4}	10^{-7}
Richtstrahlwert/ $10^6 \cdot cm^{-2} \cdot sr^{-1}$	0,1	5	200
Lebensdauer/h	50	500	2000

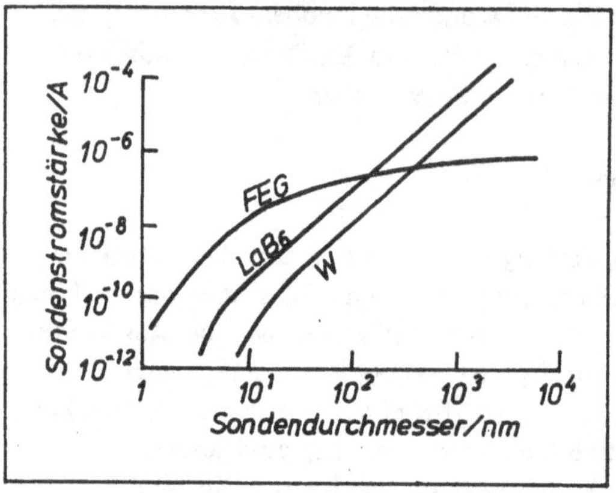

Abb. 6. Typische Sondenparameter in TEM/STEM-Geräten (100–200 kV) [12], W – Wolframglühkatode, LaB_6 – Lanthanhexaboridkatode, FEG – Feldemissionskatode

katode kommt dafür die Sondenfleckgröße nicht unter 60 nm. Als weitaus günstiger erweist sich die LaB_6-Katode mit 10–20 nm. Die von den Geräteherstellern angebotenen Ausführungen sind freilich um den Faktor 10 bis 100 teurer als einfache W-Katoden. Sollen Lebensdauern von einigen 100 h erreicht werden, ist für ausreichendes Vakuum zu sorgen (Tab. 1), um die Zerstäubung durch Restgasionen zu reduzieren. Die Feldemissionskatode schneidet mit < 5 nm hinsichtlich der Analysebedingungen am besten ab. Das zum Betrieb unabdingbare Ultrahochvakuum hat bis jetzt jedoch den verbreiteten Einsatz im routinemäßigen Laborbetrieb verhindert. Die mit Sonderkonstruktionen demonstrierte Leistungsfähigkeit läßt aber eine zunehmende Anwendung für viele Bereiche wünschenswert erscheinen.

Die Strahlelektronen erfahren im Objekt Ablenkungen durch elastische und unelastische Streuvorgänge. Beim Austritt aus dem Objekt hat sich der Strahldurchmesser dadurch auf einen Wert vergrößert, der in komplizierter Weise von der Strahlspannung, der Objektdicke und der Ordnungszahl des Streumaterials abhängt. Rechnerisch werden die Verhältnisse am besten mit Hilfe der Monte-Carlo-Methode erfaßt. Abbildung 7 (s. Tafelteil) gibt ein Beispiel, das den Einfluß der Strahlspannung deutlich werden läßt. Ersichtlich kommt für 100 kV und eine mittlere Ordnungszahl die Strahlverbreiterung bereits in die Größenordnung der Objektdicke. Als gröbere Abschätzung läßt die Beziehung von GOLDSTEIN [14],

$$\frac{b}{\mathrm{cm}} = 625\ \frac{Z}{U_0/\mathrm{kV}}\ \frac{(\rho/\mathrm{gcm}^{-3})^{1/2}}{A}\ (t/\mathrm{cm})^{3/2}, \qquad (1)$$

erkennen, wie Objektdicke t, Dichte ρ, Atomgewicht A, Ordnungszahl Z und Strahlspannung U_0 in die Strahlverbreiterung eingehen.

In Tabelle 2 nach DOIG et al. [15] sind schließlich einige Werte für die laterale Auflösung zusammengestellt, die für die EDXS an Objekten von homogener Dicke und mittlerer Ordnungszahl (hier Fe-26) zu erwarten sind.

Tabelle 2
Laterale analytische Auflösung δ/nm an Eisen [15]

einfallender Sonden-durchmesser	Objektdicke t			Beschleunigungs-spannung U_0
	50 nm	100 nm	200 nm	
2 nm	26	36	51	100 kV
	13	18	26	200 kV
10 nm	30	39	53	100 kV
	20	24	30	200 kV
20 nm	41	48	60	100 kV
	33	36	40	200 kV

Ausgehend von einer GAUSS-Verteilung der Stromdichte werden hierbei Objektdetails als aufgelöst betrachtet, wenn sie die Hälfte des von der Sonde ausgehenden Röntgensignals erzeugen. Bei allen Tabellenwerten ist selbstverständlich vorauszusetzen, daß in der Sonde genügend Stromstärke steckt. Wird, wie oben begründet, von 10^{-9} A ausgegangen, dann ist die obere Zeile von Tab. 2 mit dem Strahldurchmesser 2 nm den Systemen mit Feldemissionskatode vorbehalten. Für LaB_6-Strahler sollte die zweite Zeile anzuwenden sein. Hier sind also bei 200 kV und 50 nm Objektdicke 20 nm als auflösbar anzusehen. Für Objektdetails größerer Ordnungszahl, die sich isoliert auf dünnem leichten Trägerfilm (Kohle, Silizium) befinden, sind allerdings noch kleinere Werte zu realisieren, als sie die Tabelle ausweist, vorausgesetzt, die Masse der Objekteinzelheit liegt über der im folgenden Abschnitt diskutierten Nachweisgrenze (vgl. Abb. 9, Tafelteil).

3.3. Nachweisempfindlichkeit

Überlegungen zur Nachweisempfindlichkeit der EDXS haben von denjenigen Parametern auszugehen, die die Signalintensität hinter dem Detektor bestimmen. Die aufgenommene Zählrate ν (in Zählereignissen pro Zeit) ist für ein Element des Objekts

$$\nu = \frac{j}{e} \cdot M \cdot \sigma \cdot W \cdot Q. \qquad (2)$$

Hierin bedeuten j/e (Stromdichte/Elementarladung) die Anzahl der auftretenden Elektronen pro Zeit und Fläche, M die Masse des Elements. Der spezifische

Wirkungsquerschnitt σ (Fläche pro Masse) enthält den ionisierten Bruchteil. Die Fluoreszenzausbeute W gibt an, welcher Anteil ionisierter Atome die benutzte charakteristische Röntgenstrahlung aussendet. Schließlich geht mit Q die Detektionseffektivität ein, da aus geometrischen und energetischen Gründen nur ein Teil der vorhandenen Strahlung auch Zählereignisse auslöst.

Die analytisch gerade noch nachzuweisende Masse wird als MDM (Minimum Detectable Mass) bezeichnet. Für ihren Nachweis über dem statistischen Rauschniveau muß eine bestimmte Mindestimpulszahl $\nu \cdot \tau$ (τ = Meßzeitdauer) vorhanden sein. Nach Gleichung (2) läßt sich die MDM dann klein halten, wenn mit hoher Stromdichte gearbeitet wird – eine wiederum auf den Richtstrahlwert hinzielende Forderung –, oder dann, wenn das Produkt σWQ groß ist. Wirkungsquerschnitt und Fluoreszenzausbeute sind physikalisch bedingt und außer Einfluß durch die Gerätekonstruktion. Die Detektionseffektivität ist durch technische Maßnahmen zu beeinflussen. Für die Zukunft wird die Entwicklung eines Weitwinkeldetektors in Aussicht genommen [11], der Steigerungen um Zehnerpotenzen erwarten ließe, da die heutigen Detektoren von der 4π-Geometrie der Röntgenemission nur einen Raumwinkel von 10^{-2} sr ausnutzen.

JOY und MAHER [17] haben die MDM für verschiedene Elemente berechnet (Abb. 8). Sie gelangen bei 100 kV zu der Größenordnung 10^{-19} g für mittlere Ordnungszahlen und j = 5 A/cm^2 (W-Glühkatode). Mit j = 100 A/cm^2 (LaB_6-Strahler) sind es $5 \cdot 10^{-20}$ g. Bei Feldemissionskatoden mit j = 10^4 A/cm^2 gilt ein Wert von 10^{-20} g als erreichbar. Da die Mindestimpulszahl subjektiv verschieden angesetzt wird, sind in der Literatur unterschiedliche Aussagen

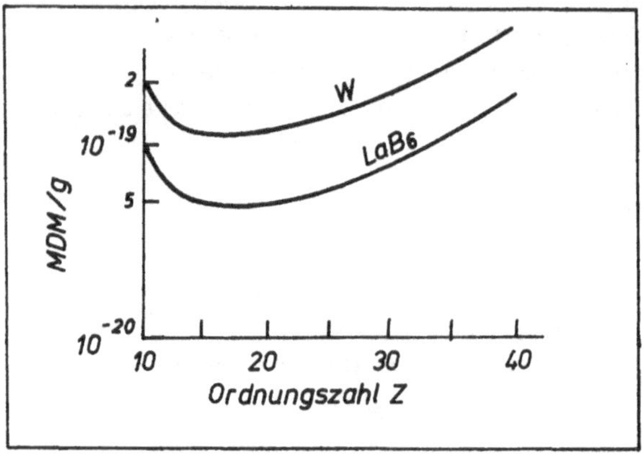

Abb. 8. Berechnete Masseempfindlichkeit der EDXS für zwei Strahlertypen nach [17]

über die Nachweisgrenze zu finden. Die berechneten Werte in [17] sind sehr klein. Die aus verschiedenen Laboratorien veröffentlichten praktischen Werte streuen, je nach Objekt und Strahler, zwischen 10^{-18} und 10^{-20} g. In Abbildung 9 (s. Tafelteil) ist als Beispiel der Nachweis von einzelnen Rutheniumpartikeln der Masse $5 \cdot 10^{-20}$ g auf Siliziumfolie demonstriert. Die Ru-K-Peaks sind sehr deutlich zu sehen, offenbar ist dort die Nachweisgrenze noch nicht ausgeschöpft. Die Aufnahme wurde mit einem Feldemissionsstrahler gewonnen [5].

Ebenso wichtig wie die absolute Nachweisgrenze ist in der Praxis der Fall, daß eine bestimmte Konzentration von einem Element in der Matrix eines anderen nachzuweisen ist. Die darauf bezogene Grenzempfindlichkeit wird mit MMF (Minimum detectable Mass Fraction) bezeichnet. Das betreffende charakteristische Signal muß sich deutlich genug über der Bremsstrahlung der Matrix herausheben. Auf ZIEBOLD [18] geht die Abhängigkeit

$$\mathrm{MMF} \sim \left(\frac{P}{B} \cdot \nu \cdot \tau\right)^{-1/2} \qquad (3)$$

zurück. Unter P/B ist hier das Peak/Untergrundverhältnis des reinen Elements zu verstehen. Abbildung 10 zeigt, wie P/B durch eine Detektorposition möglichst weit „über" dem Objekt sowie durch höhere Strahlspannungen günstig beeinflußt werden kann. In das Produkt $\nu \cdot \tau$ gehen, wie bereits besprochen, die Stromdichte und die zu analysierende Masse ein. Aus diesem Grund sind dickere Objekte vorteilhafter als dünne. So erhält ROMIG [19] als Grenzwert

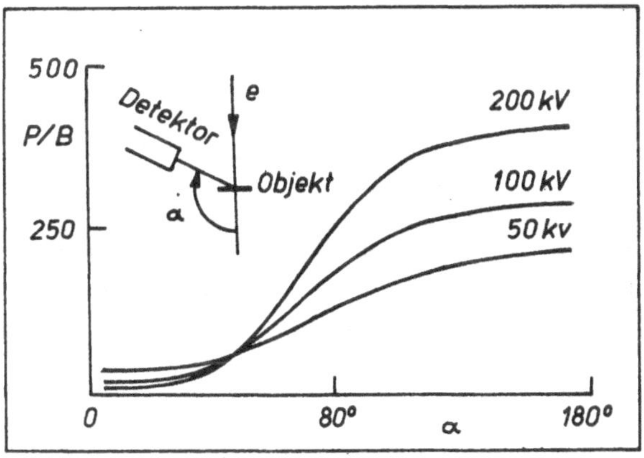

Abb. 10. Abhängigkeit des Signal/Untergrund-Verhältnisses P/B vom Winkel α zwischen Detektionsrichtung und Elektronenstrahl an Nickel für verschiedene Strahlspannungen [12]

1,6 Masseprozente Ni in 30 nm dicker NiFe-Folie. Mit 200 nm Foliendicke ergeben sich 0,5 %. Generell läßt sich sagen, daß die EDXS keine Spurenmethode darstellt. Bei homogener Verteilung der Elemente sind zum Nachweis kleiner Konzentrationen andere Verfahren besser geeignet. Die Überlegenheit der EDXS in der Analytischen Transmissionsmikroskopie kommt dann zur Geltung, wenn lokal höhere Konzentrationen vorliegen, die mit Hilfe der submikroskopischen Abbildung erkannt und durch die feine Sonde identifiziert werden können.

3.4. Quantitative Auswertung

Für die quantitative Analyse müssen die Nettopeakintegrale ermittelt und in Elementkonzentrationen umgerechnet werden.

Der Untergrundabzug gehört zu den Standardrechenoperationen, die mit der am Gerätesystem vorhandenen Firmensoftware gelöst werden. Der Untergrundverlauf wird entweder aus first principles berechnet und an die Messung angepaßt oder durch ein interaktives Verfahren am Bildschirm modelliert. Er wird vom gemessenen Spektrum subtrahiert oder durch ein Filterverfahren beseitigt.

Die folgende Berechnung der Elementkonzentrationen ist am Analytischen TEM meistens weniger kompliziert, als das von der Mikrosondenanalyse kompakter Objekte bekannt ist. Die dort als ZAF-Korrektion bezeichnete Prozedur kommt hier nicht zur Anwendung, sofern es sich um genügend dünne Objekte handelt. Unter dieser Voraussetzung ist das Verhältnis zwischen Intensität und Konzentration gemäß Gleichung (2) über die Größe σWQ bei gleichen Versuchsbedingungen allein von der Elementsorte abhängig.

Für das Konzentrationsverhältnis zweier Elemente A und B gilt

$$\frac{C_A}{C_B} = \frac{k_A}{k_B} \cdot \frac{I_A}{I_B} \qquad (4)$$

mit I_A und I_B als den Nettointensitäten. Die Empfindlichkeitsfaktoren k_A, k_B wurden experimentell von CLIFF und LORIMER [20] bestimmt, wobei der von Silizium willkürlich auf 1 gesetzt worden ist. Es hat sich gezeigt, daß die in Abbildung 11 reproduzierte Kurve an allen Geräten zu brauchbaren Ergebnissen führt. Das gilt insbesondere für den Elementebereich oberhalb Si. Darunter ergeben sich oft Abweichungen, die von der Dicke des Berylliumfensters, aber auch von dessen Fremdschichtbedeckungen herrühren oder sich auf Besonderheiten in der Objekt-Detektor-Geometrie zurückführen lassen. Die der Methode anhaftende quantitative Unsicherheit liegt bei einigen Prozent, vielfach < 5 %. Im Rahmen dieser Abweichungen gelingt es auch, Übereinstimmung mit theoretischen Empfindlichkeitskurven zu erzielen [22, 23]. Die k-Faktoren sind auch für die L-Linien ermittelt worden, allerdings mit geringerer Reproduzierbarkeit [12].

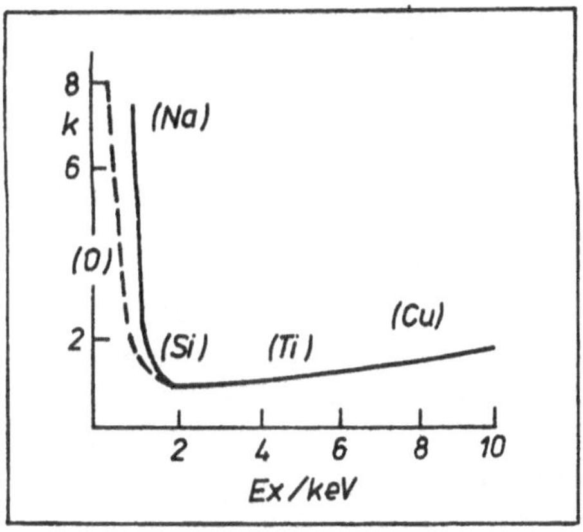

Abb. 11. Experimentell bestimmte CLIFF-LORIMER-Faktoren k als Funktion der Röntgenenergie E_x (100 bis 200 keV Primärenergie, Kα-Strahlung) [20, 21]
—— Detektor mit 8 μm-Be-Fenster, - - - UTW-Detektor

Für genaueste Anforderungen ist grundsätzlich zu empfehlen, am eigenen Gerät Kontrollmessungen mit Standards durchzuführen, z. B. mit Mineralen bekannter Stöchiometrie oder definierten Aufdampfschichten. Für biologische Anwendungen wird oft das Verfahren nach HALL [24] benutzt, bei dem das Peak/Untergrund-Verhältnis von Analysenprobe und Standard zugrunde liegt.

Wie bereits betont, ist die Anwendung von Gleichung (4) auf Objekte beschränkt, die wirklich dünn sind. Im modernen Analytischen TEM mit 200 oder 300 kV Strahlspannung werden jedoch häufig dickere Objekte noch mit guter Qualität abgebildet, in denen bereits die Absorption der Röntgenstrahlen berücksichtigt werden muß. Die Grenzschichtdicke t_g, von der an das notwendig ist, berechnet sich nach GOLDSTEIN [22] aus dem Kriterium

$$\frac{1}{2 \cdot \cos \varphi} \left(\frac{\mu}{\rho} \Big|_A - \frac{\mu}{\rho} \Big|_B \right) \cdot \bar{\rho} \cdot t_g < 0{,}1. \qquad (5)$$

Hierin sind $\mu/\rho\,|_{A,B}$ die Massenabsorptionskoeffizienten, φ ist der Winkel zwischen Objektnormale und Detektionsrichtung, $\bar{\rho}$ eine mittlere Dichte des Objekts. Die Beispiele in Tabelle 3 verdeutlichen, daß die Situation bei Schichtdicken um 100 nm überprüfenswert erscheint.

Tabelle 3
Grenzschichtdicken für Absorptionskorrektur bei φ = 45° nach [22]

Legierung	$CuAl_2$	NiAl	FeNi
t_g/nm	110	72	1300

Ist das Kriterium (5) nicht mehr erfüllt, so tritt zu der rechten Seite der Gleichung (4) ein Korrekturfaktor, dessen Berechnung allerdings die Kenntnis der beteiligten Massenabsorptionskoeffizienten, der mittleren Dichte und der Objektdicke an der untersuchten Stelle erfordert.

Für μ/ρ gibt es Tabellen, die mittlere Dichte wird nur in wenigen Fällen bekannt sein. Die Bestimmung der Schichtdicke ist schließlich eine Meßaufgabe, die in der Regel mehr Zeit erfordert als die Aufnahme des Röntgenspektrums selbst. Neben Möglichkeiten über die Auszählung von Extinktionsstreifen oder über die Elektronentransparenz [25] ist im Analytischen TEM eine direkte Meßmöglichkeit über die Kontaminationsspots gegeben, die bei feinster Elektronensonde auf der Ober- und der Unterseite des Objekts aufwachsen [26]. Nach Objektkippung sind die Flecken nebeneinanderliegend sichtbar, und aus Distanz und Kippwinkel läßt sich die Schichtdicke berechnen. Da die Schichtdicke am Analytischen TEM vielfach auch für andere Zwecke als die Berechnung der Röntgenabsorption benötigt wird, sei dieses wohl einzige direkte Meßverfahren in Abbildung 12 (s. Tafelteil) mit einem Beispiel belegt.

Eine Absorptionskorrektur ohne Vorkenntnisse läßt sich über ein Kippverfahren [27] vornehmen, das die Bestimmung von Massenabsorptionskoeffizienten, Dichte und Dicke umgeht. Bei dieser Methode werden für das Konzentrationsverhältnis C_A/C_B an ein und derselben Objektstelle drei Messungen mit unterschiedlicher Objektkippung durchgeführt (Abbildung 13, Tabelle 4). Da hierbei der austretenden Röntgenstrahlung verschiedene Absorptionsweglängen angeboten werden, liefert Gleichung (4) unterschiedliche Ergebnisse.

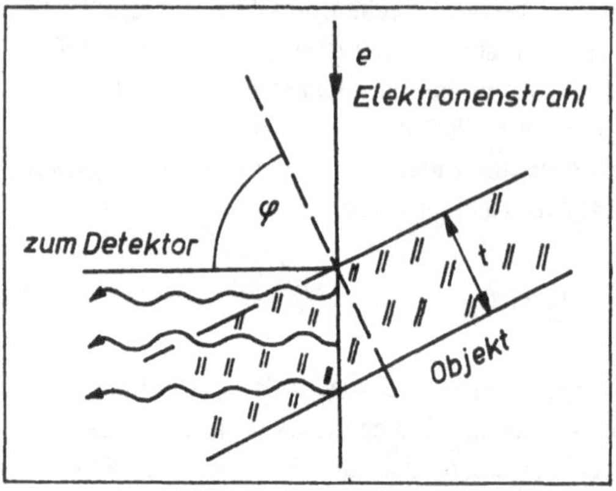

Abb. 13. Zur Absorptionskorrektur nach [27]

Tabelle 4
Messung des Konzentrationsverhältnisses in einer dicken CrGe-Sputterschicht [27]

Abnahmewinkel φ	Atomverhältnis Cr/Ge in %	
	nach Gleichung (4)	korrigiert nach [27]
62°	4,31	
54°	4,43	5,2
45°	4,62	

Damit lassen sich die unbekannten Einflußgrößen eliminieren und ein korrigiertes Konzentrationsverhältnis gewinnen. In Tabelle 5 wird noch einmal der Einfluß der Objektdicke demonstriert. Am System FeBSiC führt die Korrektur bis zur Schichtdicke 200 nm auf reproduzierbare Ergebnisse, für noch größere Schichtdicken werden Grenzen der Methode sichtbar.

Tabelle 5
Messung des Konzentrationsverhältnisses Si/Fe in einer FeBSiC-Legierung unterschiedlicher Schichtdicke [27]

Dicke t/nm	Massenverhältnis Si/Fe in %	
	bei φ = 45° gemessen nach (4)	korrigiert nach [27]
95	3,44	3,8
180	2,92	3,9
500	1,83	2,8

Bei ungünstiger chemischer Zusammensetzung kann es im Falle von dickeren Schichten auch zu merklichen Fluoreszenzeffekten kommen, die die charakteristische Strahlung einer Komponente zugunsten der anderen verringern. Ein typisches Beispiel ist KCl, worin das Chlor 11 % der Kaliumstrahlung abfängt. Für die Fluoreszenzkorrektur [28] müssen die gleichen Parameter bekannt sein wie für die Absorption, dazu die Fluoreszenzausbeute. Näherungslösungen sind über ein iteratives Verfahren möglich [12].

3.5. Konzentrationsprofile und Verteilungsbilder

Die am Analytischen TEM vorhandenen Einrichtungen für Röntgenspektroskopie und Abbildung bieten sehr gute Möglichkeiten für die graphische Darstellung der analytischen Information durch Konzentrationsprofile und Verteilungsbilder. Während der Elektronenstrahl das Objekt abrastert, wird durch ein „Fenster" im Vielkanalspektrometer ein bestimmter Spektralbereich (und damit ein Element im Spektrum) ausgesondert und dessen von Objektort zu Objektort wechselnde Intensität zur Steuerung des Schreibstrahls am Rasterbildschirm benutzt.

Die Konzentrationsprofile entstehen durch die sogenannte Y-Modulation, bei der die senkrechte Ablenkung über einen Analogverstärker proportional zur Röntgenintensität gesteuert wird. Der Primärstrahl läuft dabei oft nur längs einer einzigen Linie über das Objekt (Linienscan). Am Bildschirm des Vielkanalspektrometers läßt sich auch ein digitaler Linienscan gewinnen, indem die Adressenfortschaltung des Spektrometers synchron an die Strahlablenkung des Mikroskops gekoppelt wird.

Für Verteilungsbilder wird die Helligkeitssteuerung des Rasterbildschirms ausgenutzt. Das Rasterbild wird in eine Folge von Punkten zerlegt, die entweder hell oder dunkel getastet werden, je nachdem ob während einer einstellbaren Integrationsdauer die Zählrate im Spektrometerfenster oberhalb oder unterhalb einer bestimmten Schwelle lag. Mit Hilfe spezieller Verstärkungstechnik lassen sich auch Grautöne erzielen. In Abbildung 14 (s. Tafelteil) ist ein Beispiel wiedergegeben. Die korrespondierenden STEM- bzw. SEM-Bilder besitzen die größere Abbildungsschärfe und müssen zur Auswertung stets mit herangezogen werden.

Die Aufnahme von Konzentrationsprofilen und Verteilungsbildern erfordert im Interesse eines ausreichenden Signal/Rausch-Verhältnisses relativ dicke Objekte. Andererseits werden bei dickeren Objekten feinere Details durch die „Anregungsbirne" verschmiert. Mit der Objektdicke ist daher ein Kompromiß einzugehen, wobei noch die Ablaufgeschwindigkeit eine Rolle spielt. Brauchbare Verteilungsbilder erfordern nicht selten Aufnahmedauern von 30 bis 60 Minuten. Das stellt besondere Ansprüche an Geräte- und Objektstabilität.

Da das Röntgensignal proportional zur Massendicke des Objektes ist, kann die Elementverteilung durch Topografieeffekte vollkommen verfälscht werden. Einen Ausweg bildet die gleichzeitige Aufnahme des Untergrundes und anschließende Subtraktion der beiden Bildinformationen. Zu dieser Aufgabe werden heute rechnergesteuerte digitale Bildverarbeitungssysteme mit Bildspeicher eingesetzt [29], die gleichzeitig weitere Auswertemöglichkeiten eröffnen wie die Frequenzanalyse zum Herausheben periodischer Strukturen und zur Rauschunterdrückung, die Konstruktion von Isokonzentrationslinien, die morphometrische Analyse u. a.

Tafelteil

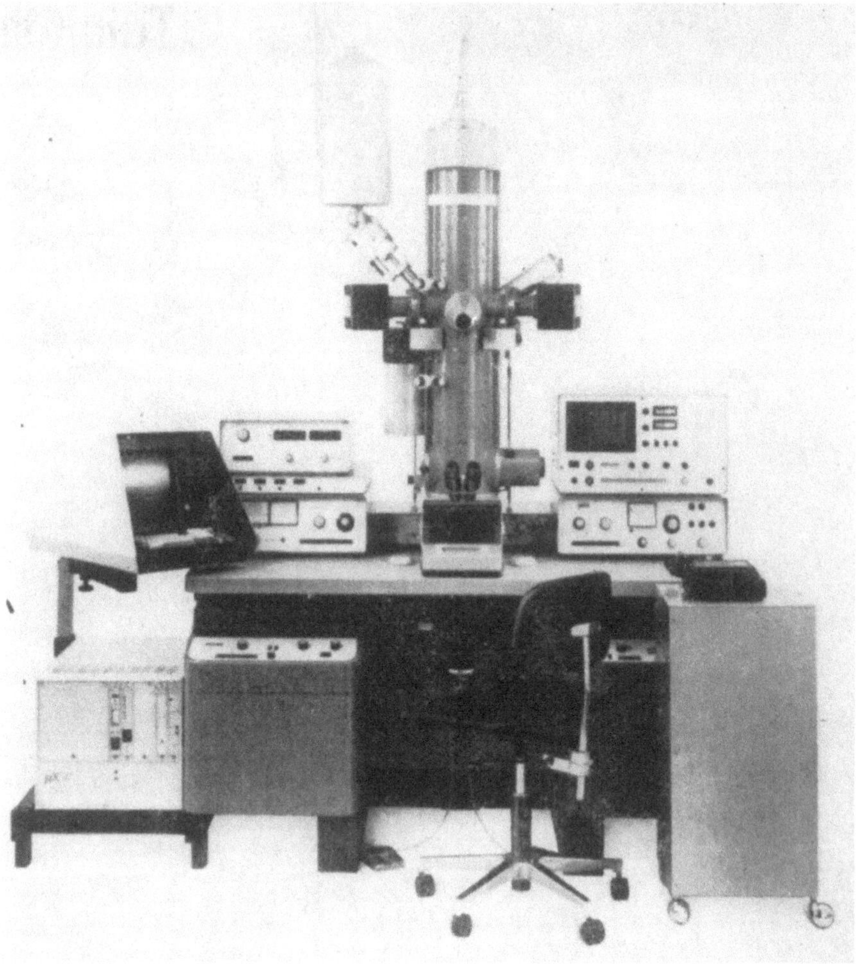

Abb. 1. Analytisches TEM: OPTON-EM10C/CR [4]

Abb. 3. Analytisches STEM: VG-HB 5 [5]

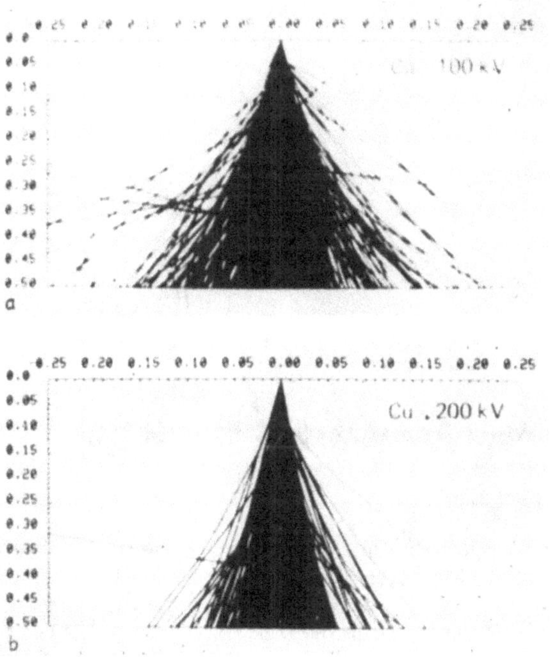

Abb. 7. Monte-Carlo-Rechnungen zur Bahnverbreiterung in einer 0,5 μm dicken Kupferfolie, Projektionen von jeweils 400 Bahnen, Quelle punktförmig angenommen [13]

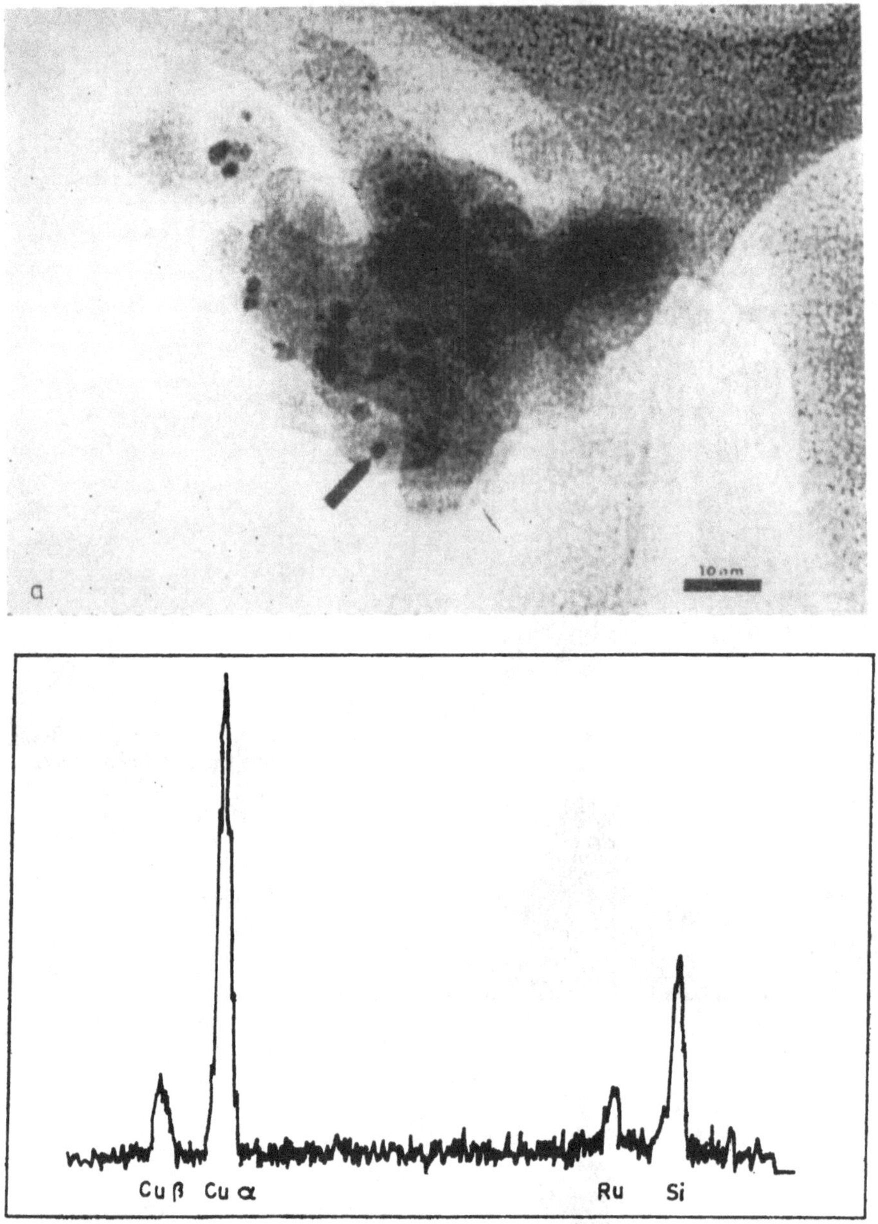

Abb. 9. STEM-Abbildung und Röntgenspektrum von 2 nm großen Rutheniumpartikeln auf Siliziumfilm [5]

Tafel 4

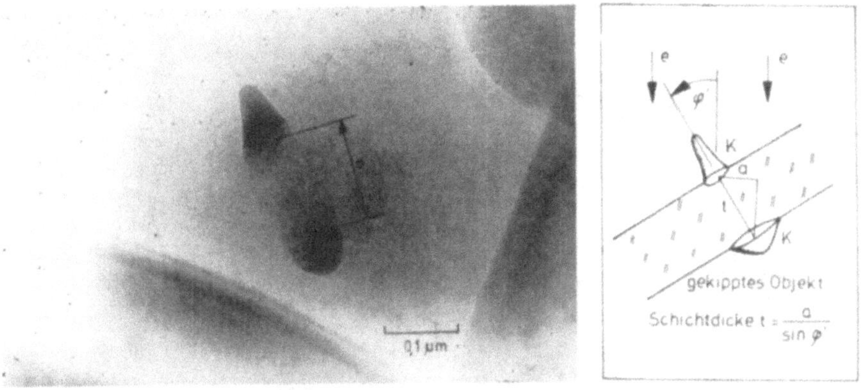

Abb. 12. Schichtdickenmessung an Kontaminationsspots K bei nachträglich um den Winkel φ' gekipptem Objekt, Ergebnis hier t = 350 nm

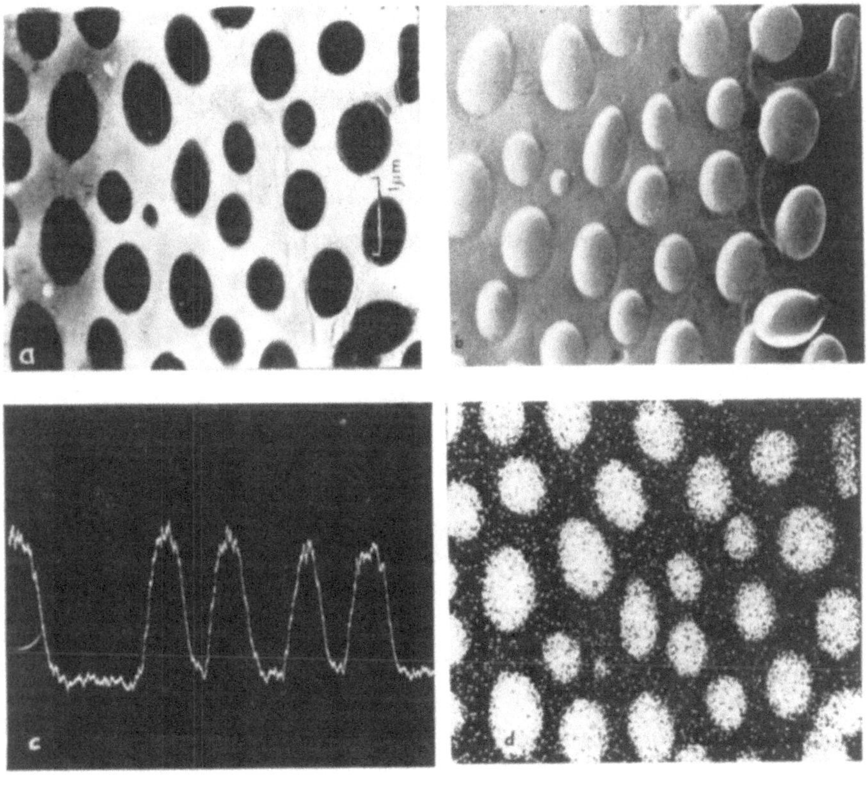

Abb. 14. Analytische Abbildung eines durchstrahlbaren AlNiCr-Objektes; a) STEM-Bild, b) SEM-Bild mit Sekundärelektronen, c) Cr-Profil längs der in a) sichtbaren Linie, d) Cr-Verteilungsbild

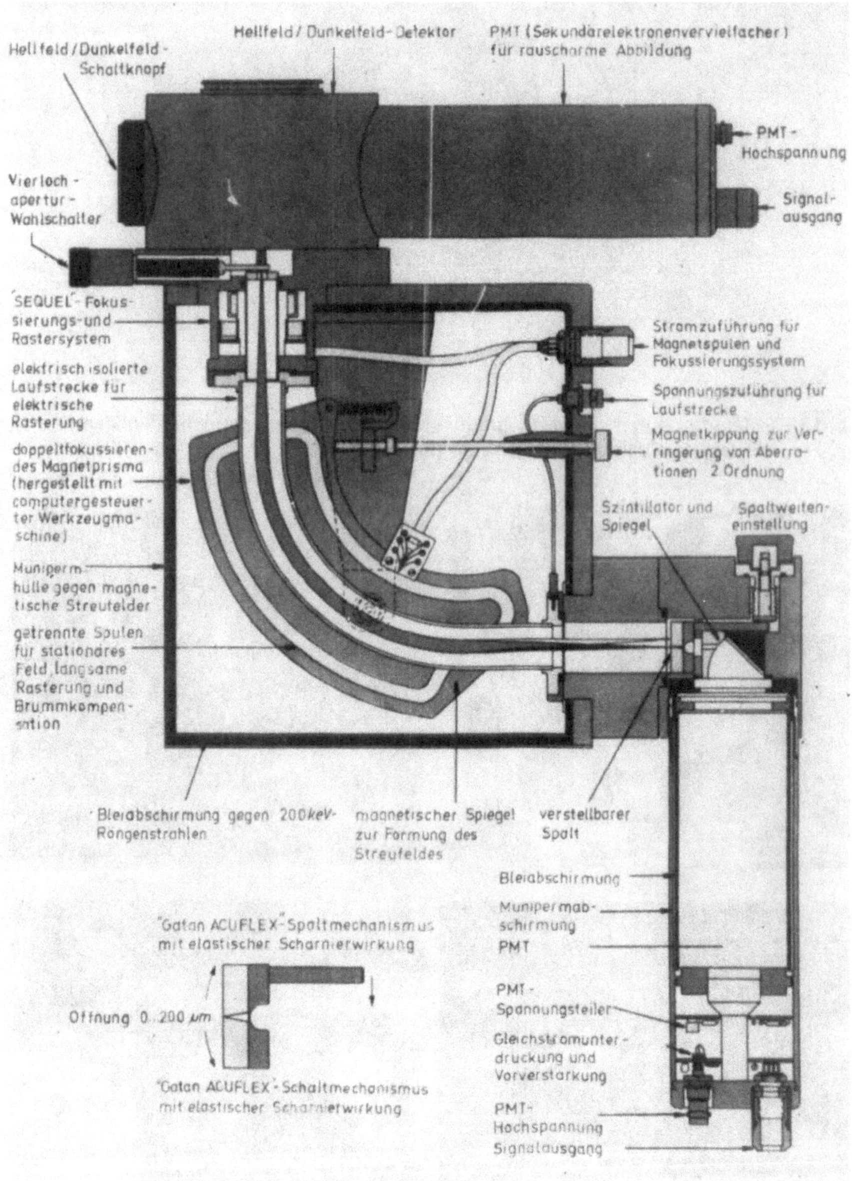

Abb. 18. Schnittdarstellung des Elektronenspektrometers GATAN 607 [37]

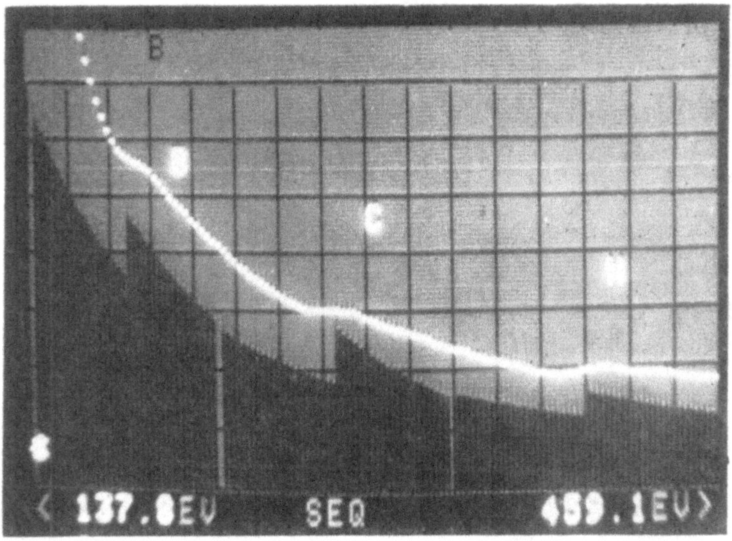

Abb. 23. Verlustspektrum an einer dicken Bor-Kohlenstoff-Stickstoff-Sputterschicht; punktiert — verschmiertes Rohspektrum, schraffiert — Ergebnis der Entfaltung nach [54]

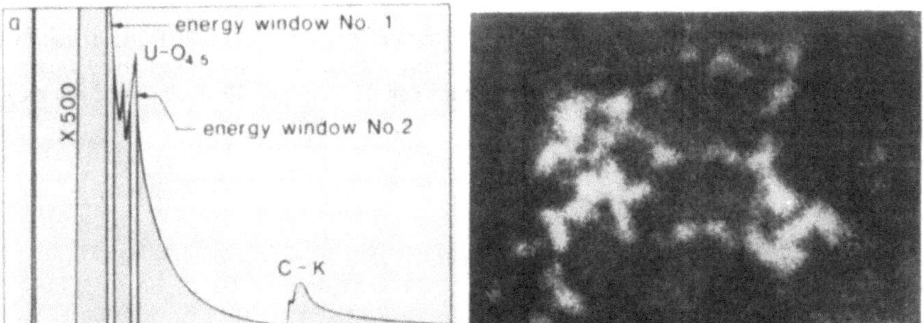

Abb. 26. Uranatomcluster auf Kohlefilm; a) Verlustspektrum, b) Verteilungsbild, mit dem Energiefenster „energy window 2" von a) aufgenommen [61]

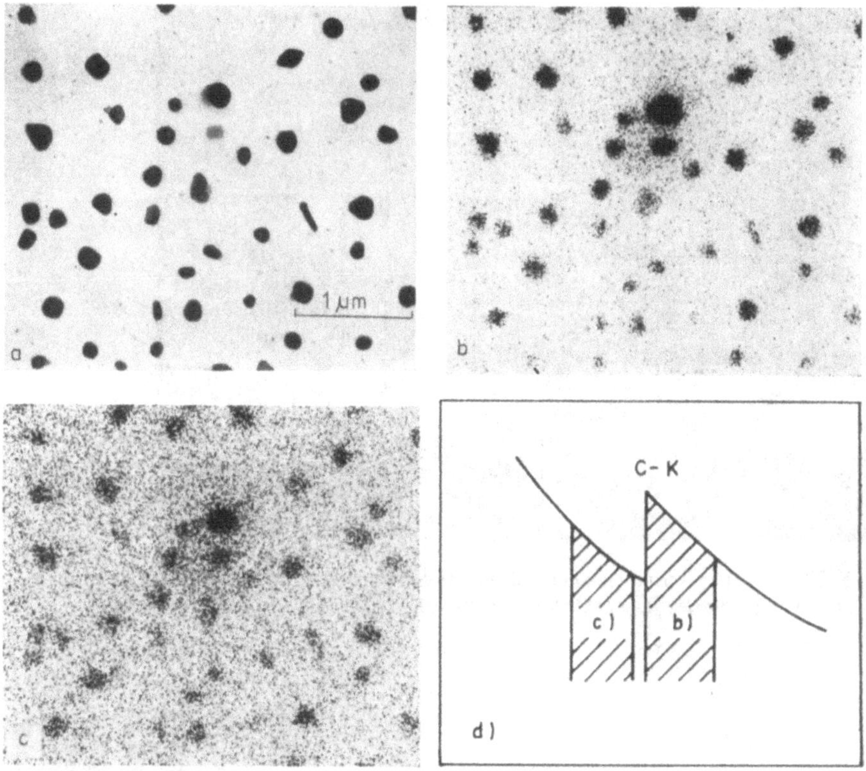

Abb. 27. Analytische Abbildung kristalliner Kohlenstoffpartikel auf Kohlefilm; a) STEM-Bild, b) Verteilungsbild mit Kantensignal, c) Verteilungsbild mit Untergrundsignal, d) Lage der Energiefenster im Verlustspektrum für Teilbilder b) und c). Die Teilbilder b) und c) sind fotografische Negative

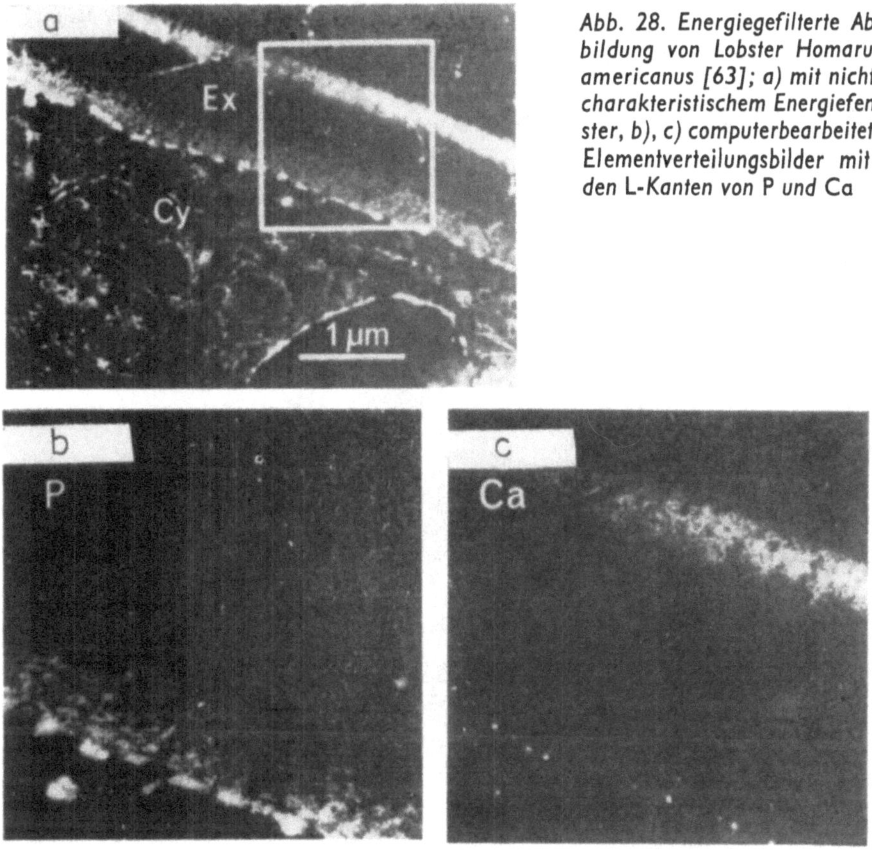

Abb. 28. Energiegefilterte Abbildung von Lobster Homarus americanus [63]; a) mit nichtcharakteristischem Energiefenster, b), c) computerbearbeitete Elementverteilungsbilder mit den L-Kanten von P und Ca

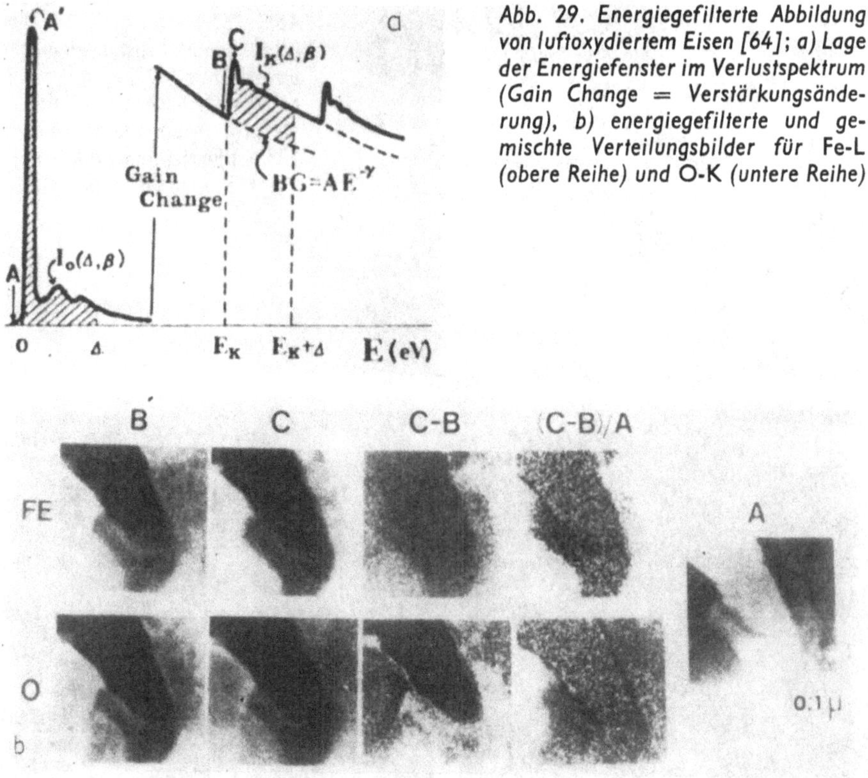

Abb. 29. *Energiegefilterte Abbildung von luftoxydiertem Eisen [64]; a) Lage der Energiefenster im Verlustspektrum (Gain Change = Verstärkungsänderung), b) energiegefilterte und gemischte Verteilungsbilder für Fe-L (obere Reihe) und O-K (untere Reihe)*

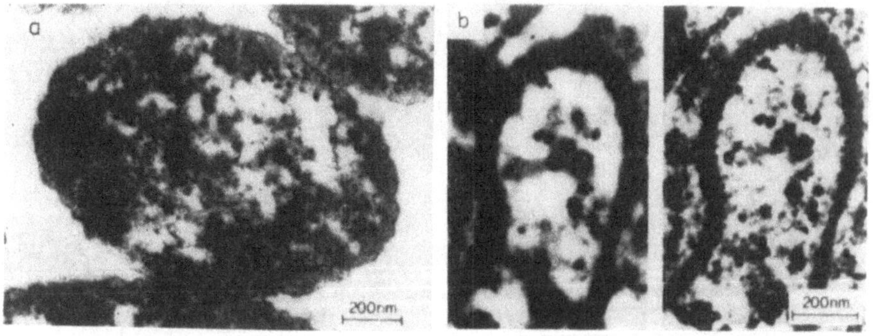

Abb. 31. Z-Kontrast-Bilder von biologischen Dünnschnitten [66]; a) E. coli, b) D. melanogaster (zum Vergleich im linken Teilbild STEM-Dunkelfeld)

Abb. 34. Beugungsdiagramm auf der Rasterbildröhre eines Analytischen TEM [69]

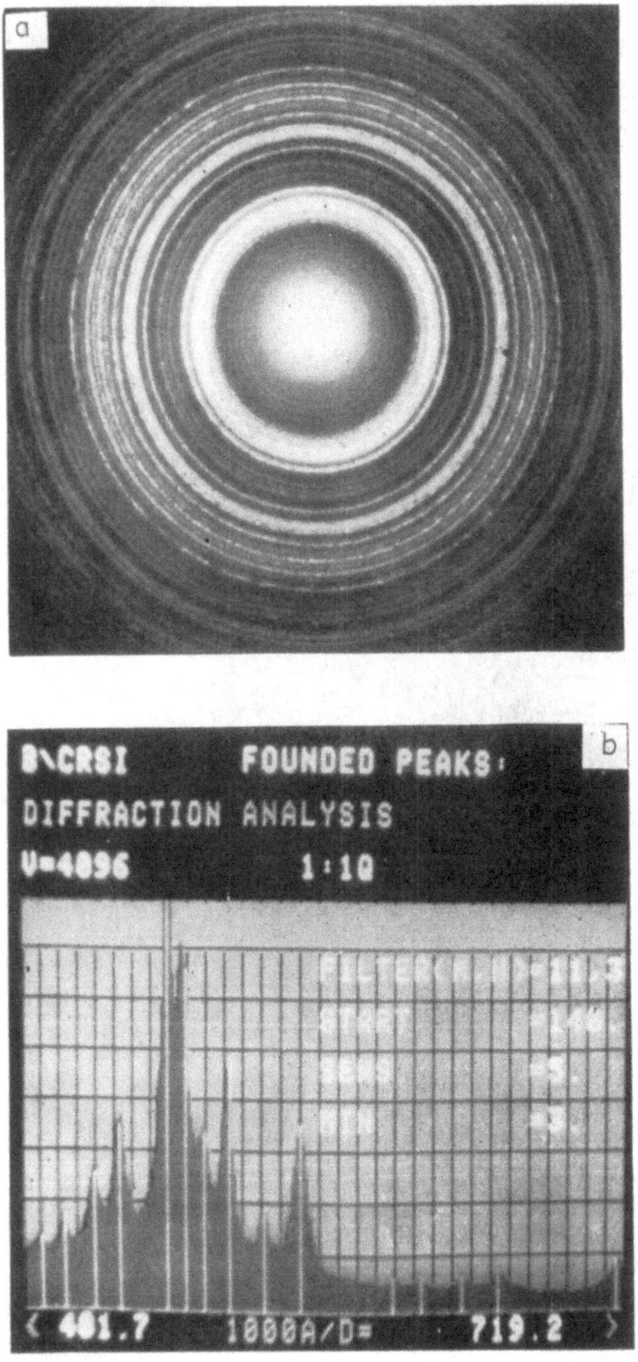

Abb. 36. Beugung von einer Chrom-Silizium-Schicht; *a)* fotografisch aufgenommenes Ringdiagramm, *b)* Ausschnitt aus dem digital registrierten Diagramm am Spektrometerbildschirm

4. Elementanalyse durch Elektronenenergieverlustspektroskopie (EELS)

4.1. Informationsgehalt des Verlustspektrums

Im Vergleich zur EDXS ist die EELS in der Analytischen Transmissionsmikroskopie bis heute weit weniger verbreitet. Das liegt wohl zu gleichen Teilen an der teureren Instrumentation, der komplizierteren Meßtechnik und den Schwierigkeiten bei der quantitativen Auswertung.

Grundlage der Methode ist der klassische Streuvorgang: Ein Strahlelektron der Primärenergie E_0 überträgt beim Durchlaufen des Objekts Energie vom Betrage E als auch Impuls und wird dabei um den Winkel Θ abgelenkt. Die Wahrscheinlichkeit dafür wird durch den differentiellen Wirkungsquerschnitt ausgedrückt,

$$\frac{d^2\sigma}{d\Omega \cdot dE} \sim \frac{f(E,\Theta)}{\Theta^2 + \Theta_E^2}, \tag{6}$$

($d\Omega$ – Raumwinkelintervall) mit dem charakteristischen Streuwinkel

$$\Theta_E = {}^{E}/2E_0. \tag{7}$$

Die Funktion $f(E,\Theta)$ läßt sich näherungsweise durch ein Produkt darstellen:

$$f(E,\Theta) \approx f_1(E) \cdot f_2(\Theta). \tag{8}$$

Hierin ist f_2 bis zu einem Grenzwinkel $\Theta_g = \sqrt{2\Theta_E}$ nahezu konstant, darüber ungefähr gleich null. Der Faktor $(\Theta^2 + \Theta_E^2)^{-1}$ enthält die Aussage, daß die unelastische Streuung im wesentlichen nach vorn erfolgt. Im Elektronenmikroskop wird durch die Aperturblende hinter dem Objekt der maximale Streuwinkel $\Theta_{max} = \beta$ festgelegt, und es werden alle durch die Blende gelangenden Elektronen, also alle Streuwinkel zwischen 0 und Θ_{max}, für die Abbildung benutzt. Unter dem Energiespektrum oder der Energieverteilung der abbildenden Elektronen wird die Anzahl der Elektronen pro Energieintervall dN/dE, aufgetragen in Abhängigkeit vom Energieverlust E, verstanden (vgl. Abb. 15). Die Elektronenanzahl pro Energieintervall ist proportional zur Anzahl N der wirksamen Objektatome und zu der Streuwahrscheinlichkeit $d\sigma/dE$, die sich aus Gl. (6) durch Integration über den zugelassenen Streuwinkelbereich ergibt:

$$\frac{dN}{dE} \sim N \cdot \frac{d\sigma}{dE}. \tag{9}$$

Die Gleichung (9) bildet die Grundlage für die quantitative Analyse, auf die im Abschnitt 4.4. eingegangen wird.

In der Abbildung 15 ist ein Verlustspektrum wiedergegeben, das mit einer Energieauflösung von etwa 10 eV aufgenommen worden ist. Es enthält als höchste Erhebung um E = 0 den schmalen Peak von ungestreuten und elastisch gestreuten Elektronen. In dessen von der Auflösung gegebener Breite befinden sich auch Energieverluste unter 1 eV, wie sie durch Wechselwirkung mit dem Gitter zustandekommen (Phononen). Der Niederverlustbereich zwischen 0 und $E \leqslant 100$ eV enthält in der Regel mehr als 90 % aller unelastisch gestreuten Elektronen. Er rührt von Wechselwirkungen mit äußeren Niveaus bzw. dem Valenz- und Leistungsband her. Bei 20 eV hebt sich ein breites Maximum heraus, das durch Anregung kollektiver Schwingungen des Elektronenplasmas zustandekommt (Plasmonen). Die Plasmonenenergie hängt von der Anzahldichte der quasifreien Elektronen ab und liegt für viele Elemente bei nahezu dem gleichen Wert. Der Plasmaverlust ist daher für die Elementanalyse nicht geeignet. Innerhalb des Objekts entsteht stets unelastische Vielfachstreuung, deren höherenergetische Ausläufer bis weit über den Niederverlustbereich hinausgehen. Das Streuverhalten kann makroskopisch durch die dielektrische Funktion ϵ beschrieben werden, deren Imaginärteil die „Absorption" repräsentiert. In Gl. 8 ist dann

$$f_1(E) = \mathrm{Im}\,(-\frac{1}{\epsilon}). \tag{10}$$

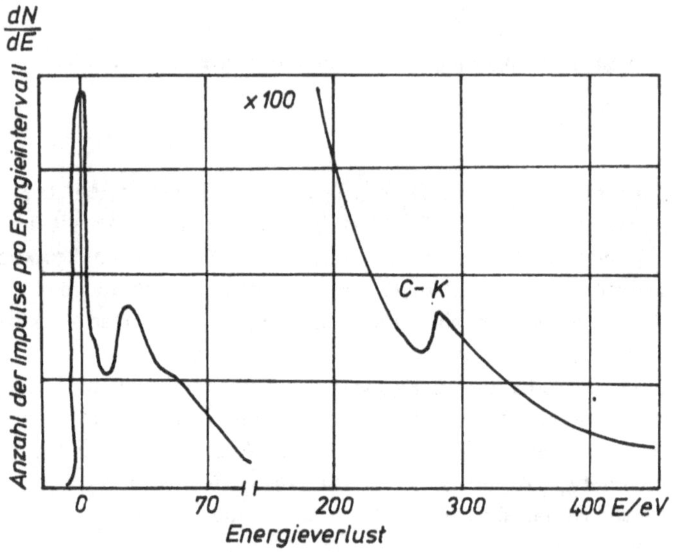

Abb. 15. Energieverlustspektrum eines Kohlenstoff-Films

Die Verlustspektroskopie kann damit zur Messung optischer Materialkonstanten, wie Brechzahl oder Absorptionsindex, dienen [30].

Für die Mikroanalyse ist ein anderer Bereich der Verteilungskurve interessant: das Gebiet zwischen etwa 100 und 2000 eV, in dem die charakteristischen Anregungsenergien von kernnahen Elektronenniveaus liegen. Dort spielt sich der gleiche Elementarvorgang ab, der schon für die Röntgenemission diskutiert wurde (vgl. Abb. 4). Der Energieverlust entspricht der Anhebung eines inneren Elektrons auf einen freien Platz oberhalb der Fermi-Grenze. Dabei kann noch ein Überschuß an kinetischer Energie übertragen werden, so daß das angeregte Elektron die Umgebung des gestoßenen Atoms verlassen und aus dem Festkörper austreten kann. Im Energiespektrum des Elektronenstrahls entsteht deswegen kein scharf begrenzter Peak, sondern eine nach größeren Energieverlusten allmählich abklingende Kante.

In Abbildung 16 sind die Ionisierungsenergien aller Elemente aufgetragen, getrennt nach Elektronenniveaus der Ausgangszustände. In dem durch die EELS erschlossenen Energiebereich liegen die K-Kanten der Elemente bis zur Ordnungszahl 14 (Si), sowie die L-Kanten von Z = 14 bis Z = 30 (Sr). Die Analyse mit Hilfe der von M- oder N-Niveaus ausgehenden Übergänge ist weniger effektiv, jedoch gelingt unter bestimmten Aufnahmebedingungen der Nachweis der Seltenen Erd-Elemente gerade an Hand von $N_{2,3}$- und $M_{2,3}$-An-

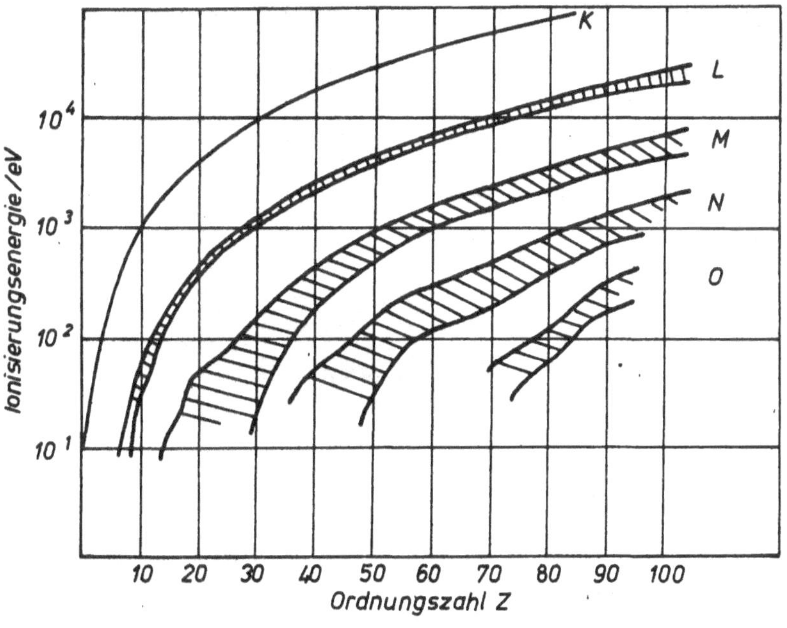

Abb. 16. Ionisierungsenergien der Elemente bezüglich K-, L-, M- und N-Niveaus nach [31]

regungen [32]. Das Gebiet oberhalb 1 keV wird im übrigen, wie im Kapitel 3. beschrieben, durch die Röntgenspektroskopie abgedeckt. Unterhalb Z = 11 kann die EDXS aufgrund der Fenstabsorption nicht oder nur mit Sonderdetektoren arbeiten. Hier liegt die Domäne der EELS.

Die Form der Verlustkanten fällt sehr unterschiedlich aus, Abbildung 17 enthält eine Übersicht. Während die K-Kanten eine sehr steile Flanke bei der Ionisationsenergie aufweisen, sind die L- und M-Typen durch verzögertes Ansteigen bis zum Maximum gekennzeichnet. Die Verzögerung, die bei M-Kanten etwa 50 eV beträgt, geht auf die Zentrifugalmomente zurück, die die Ausgangsniveaus mit von null verschiedenem Drehimpuls besitzen, so daß der Übergang auf einen Kontinuumszustand mit verschwindender kinetischer Energie unwahrscheinlich ist. Bei einer Reihe von Elementen (z. B. Ti) geben Excitoneneffekte sowie Übergänge in unbesetzte d-Zustände bei den L-Kanten Anlaß zu einem schmalen Peak am Kantenbeginn. Die Kanten werden dann besser sichtbar, lassen sich aber schwerer quantitativ auswerten.

Bei Spektrometerauflösungen um 1 eV und besser zeigen alle Kanten eine mehr oder weniger ausgeprägte Feinstruktur, die Rückschlüsse auf die Bandstruktur und den chemischen Bindungszustand zuläßt. Die nahe der Kante (10–50 eV) zu beobachtenden Oszillationen enthalten Aussagen über die Besetzungsdichte der Elektronenendzustände. In der Literatur findet sich die Bezeichnung TELESCA (Transmitted Energy Loss Electron Spectroscopy for Chemical Analysis) für eine darauf beruhende Untersuchungsmethode. In weiterer Entfernung, ab 100 eV hinter der Kante, rufen Interferenzen zwischen der vom ionisierten Atom ausgehenden Elektronenwelle und den an den Nachbaratomen gebeugten Wellen Intensitätsoszillationen hervor. Das entsprechende Auswerteverfahren, das in der Röntgentechnik das Analogon EXAFS

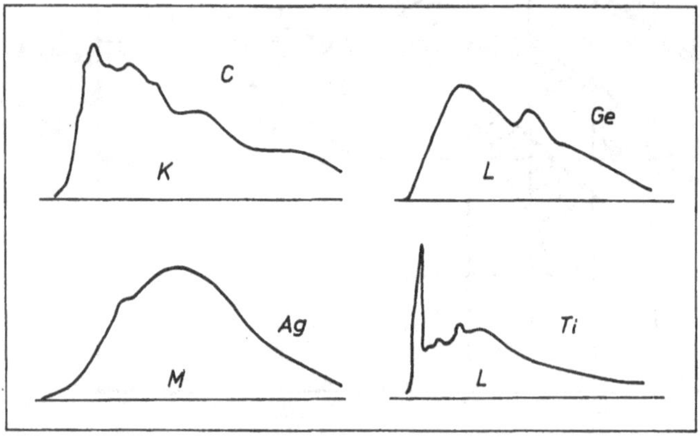

Abb. 17. Typische Verlustkantenformen [32, 33, 34]

hat, wird mit EXELFS (Extended Electron energy Loss Fine Structure) bezeichnet und kann zur Bestimmung von Anzahl und Abstand der Nachbaratome dienen. Darauf wird im Abschnitt 4.5. anhand von Anwendungsbeispielen eingegangen.

Die Wirkungsquerschnitte für die Ionisation sind etwa um zwei Zehnerpotenzen kleiner als die für die Wechselwirkung im Niederverlustbereich. Die Ionisationskanten sind daher nur bei höherer Signalverstärkung sichtbar. Gegenüber den charakteristischen Röntgenpeaks, die sich bis zu 100fach über dem Bremsstrahlenuntergrund erheben, beträgt das Signal/Untergrund-Verhältnis in der Energieverlustspektroskopie nur 0,1 bis 5, so daß die Abtrennung des Untergrundes schwierig wird. Der Untergrund ist als der Ausläufer der Niederverlustverteilung anzusehen. Er rührt von vielfachen Valenzelektronen- und Plasmaverlusten her. Dazu tragen weiterhin die hochenergetischen Schultern davorliegender Verlustkanten bei. Er hängt in unübersichtlicherweise vom Streuwinkel, der Objektdicke und -zusammensetzung sowie der Primärenergie ab. Die beste theoretische Wiedergabe gelingt mit Monte-Carlo-Rechnungen. Gewöhnlich wird der Untergrund empirisch aus dem Verlauf vor der eigentlichen Kante ermittelt und dann unter diese hinweg extrapoliert. MAHER et al. [35] haben gezeigt, daß die Untergrundform B(E) stückweise durch das Gesetz

$$B(E) = A \cdot E^{-r} \qquad (11)$$

(A, r — Konstanten, E — Energieverlust) dargestellt werden kann; in besonderen Fällen liefern allerdings Polynome eine bessere Approximation. Bevor jedoch auf Auswertefragen näher eingegangen wird, soll die Instrumentation beschrieben werden.

4.2. Arbeitsweise des Spektrometers

Für die Zerlegung des Elektronenstrahls wird die Tatsache ausgenutzt, daß die Ablenkung im elektrisch-magnetischen Feld energieabhängig ist. Als Spektrometer dient gewöhnlich ein magnetisches Sektorfeld, das die Elektronen um 90° umlenkt und auf einen Austrittsspalt leitet. Durch die Spaltöffnung gelangen nur Elektronen eines schmalen Energiebereichs δE, alle anderen werden abgeschnitten. Das gesamte Spektrum entsteht, indem durch Ändern der magnetischen Feldstärke nach und nach jede Elektronenenergie durch den Spalt auf den dahinter befindlichen Detektor geführt wird (sequentielle Spektrenaufnahme). Das kann auch mit einem zusätzlichen elektrischen Ablenksystem bewerkstelligt werden, das wegen des Fehlens von Hystereseeffekten eine raschere Ablenkung ermöglicht.

Im Interesse der Auflösung wird die Spektrometereintrittsebene in die Austrittsebene elektronenoptisch abgebildet, wobei das Elektronenbündel die

Apertur γ hat. Die Feldform bestimmt den Charakter der Abbildung. Bei senkrechter Begrenzung erfolgt die Bündelung nur in radialer Richtung, es entsteht ein Linienfokus. Durch schräge und gebogene Feldberandung gelingt eine zweidimensionale (sogenannte doppelte) Fokussierung, was sich günstig auf die Intensität auswirkt. Zusätzliche Multipolelemente können Abbildungsfehler II. Ordnung korrigieren, wodurch das Spektrometer weit geöffnete Bündel verarbeiten kann. Aus Intensitätsgründen sind große Spaltbreite und große Apertur erwünscht (Intensität $\sim \gamma^2$). Gute Energieauflösung $\delta E/E_0$ erfordert einen engen Spalt und wegen der Aberrationen eine kleine Apertur. Für den Betrieb muß daher eine Optimierung angestrebt werden, die sich in dem sogenannten Gütefaktor $G = \gamma / \frac{\delta E}{E_0}$ niederschlägt [16]. Tabelle 6 enthält eine Übersicht.

Tabelle 6
Gütefaktoren von 90°-Spektrometern am Analytischen TEM

$G = \gamma^2 / \frac{\delta E}{E_0}$	0,5	1,5	10
Feldform	senkrechte Berandung	modifizierte Berandung	zusätzliche Multipole
Fokussierung	eindimensional	zweidimensional	Fehlerkorrektur

Als leistungsfähiges Spektrometer gilt das GATAN 607, das auf eine Konzeption von KRIVANEK und SWANN [36] zurückgeht. In Abbildung 18 (s. Tafelteil) ist eine Schnittdarstellung reproduziert. Die Konstruktion ist ausheizbar und damit auch an UHV-Mikroskopen einzusetzen. Bei der Grenzauflösung < 1 eV werden noch Aperturwinkel von $\gamma = 10$ mrad am Spektrometereingang verarbeitet. Die Spaltweite ist veränderlich. Sorgfältige Aufmerksamkeit wurde der Abschirmung von äußeren Störfeldern geschenkt; dazu dienen ein Muniperm-Mantel sowie Spulen zur Brummkompensation. Ohne diese Maßnahmen ist die gute Grenzauflösung nicht zu erreichen. Weiterer Verbesserung steht bereits die Energiebreite des Primärelektronenstrahls entgegen. Als Elektronendetektor ist ein Plastikszintillator mit Photovervielfacher eingesetzt. Damit können bereits einzelne Elektronen nachgewiesen werden; allerdings ist bei stärkerer Belastung oftmalige Regenerierung notwendig. Die weithin verwendeten Zinksulfidszintillatoren sind unempfindlicher, dafür stabiler im Betrieb.

Der Zusammenlauf zwischen Streuwinkel hinter dem Objekt und Aperturwinkel am Spektrometer hängt von der Ankopplung des Spektrometers an den Abbildungsstrahlengang ab. Meist setzen die zwischengeschalteten Linsen den Öffnungswinkel des gestreuten Bündels herab. Das Koppelsystem muß über den Arbeitsbereich des Spektrometers hinweg farbfehlerfrei arbeiten, sonst kommt es zu Störungen bei der quantitativen Auswertung.

Das Signal des Photovervielfachers kann auf zwei Arten weiterverarbeitet werden: Analoge Stromverstärkung mit nachfolgender Analog/Digital-Wandlung oder direkte Impulszählung. Die letztgenannte Möglichkeit ist für kleine Signale vorteilhafter (kein Dunkelstromanteil), versagt aber für den stromstarken Niederverlustbereich. In modernen Geräten sind heute beide Verarbeitungsarten vorhanden, oft mit automatischer Umschaltung, je nach Signalgröße.

Von entscheidender Bedeutung für die Stabilität der Energieskala ist der synchrone Ablauf von Adressenfortschaltung im Vielkanalanalysator und von definierter Spektrometerfeldänderung. Die Steuerung übernimmt eine zeitlineare Sägezahnspannung. Da sich die Durchlaßenergie des Spektrometers jedoch mit dem Quadrat des Erregerstroms ändert, resultiert eine Nichtlinearität der Energieskala, die beim Energieverlust 2 keV bereits 10 eV betragen kann. Die Geräte mit elektrischer Spektrenablenkung vermeiden diesen Nachteil. Es kann auch das Spektrometerfeld konstant gehalten und stattdessen die Primärspannung des Mikroskops linear geändert werden.

Ein gänzlich anderer Weg der Spektrenerfassung ist über ortsempfindliche Detektoren möglich. Sie bestehen aus einer großen Anzahl von Halbleiterdioden, die längs einer Geraden angeordnet sind, so daß die Energieverteilung hinter dem Spektrometer ohne Spalt und Energiescan auf einmal aufgenommen werden kann (serielle Spektrenaufnahme, Paralleldetektion). Solche Anordnungen [38] sind wegen der geringen Aufnahmedauer vorteilhaft. Sie haben sich aber noch nicht kommerziell durchgesetzt, unter anderem wegen ihrer geringen Stabilität gegen längere Elektronenbestrahlung, die zu irreparablen Dunkelströmen führt, und wegen ihrer zur Zeit noch geringeren Auflösung.

4.3. Nachweisempfindlichkeit

Im Abschnitt 3.3. sind die Einflußfaktoren genannt, die die Signalgröße in der EDXS bestimmen. Die Beziehung (2) ist auch für die EELS gültig. Bezüglich der Faktoren $^{j}/_{e}$, M, σ bestehen keine prinzipiellen Unterschiede zwischen den beiden Methoden. Anders verhält es sich mit W, der Quantenausbeute. Jedes ionisierte Atom liefert je nach Ordnungszahl nur etwa 0,5 bis 0,01 nutzbare Röntgenquants, aber genau 1 Verlustelektron, so daß in der EELS W = 1 zu setzen ist. Die Detektionseffektivität Q ist im Röntgenfall aus geometrischen Gründen gering, weil die Emission in den vollen Raumwinkel 4π erfolgt, wovon der Detektor aber nur rund 1 % nutzt. Hinzu kommt für die leichten Elemente der durch die Fensterabsorption bedingte Abfall. Demgegenüber erfaßt das Energiespektrometer den überwiegenden Teil der Verlustelektronen, da sich diese, wie besprochen, in einem schmalen Kegel von einigen mrad um den Primärstrahl befinden. Die Detektionseffektivität darf deshalb mit 0,5 bis 0,8 angesetzt werden.

Zusammengefaßt steht für die EELS eine um mehrere Zehnerpotenzen höhere Zählrate zur Verfügung, die zu einer entsprechenden Verminderung der Nachweisgrenzwerte führen sollte. Jedoch geht in das Nutzsignal die Meßdauer ein, und hier schneidet die EELS durch die sequentielle Aufnahmetechnik bedeutend schlechter ab. In der EDXS werden während der gesamten Meßdauer alle Kanäle gleichzeitig gefüllt. In der EELS entfällt auf jeden Kanal nur ein Bruchteil der effektiven Meßdauer, der Hauptteil der Verlustelektronen wird ständig durch die Spektrometerspaltberandung abgefangen. Dadurch geht der Vorteil der höheren Zählrate größtenteils wieder verloren.

Als typische Aufnahmebedingungen gelten für die EELS heute ein Sondenstrom von 1 ... $2 \cdot 10^{-10}$ A während 100 s Meßdauer. Das ist eine um den Faktor 5 bis 10 geringere Stromstärke, als sie im Abschnitt 3.2. für die Aufnahme von Röntgenspektren angesetzt ist.

Mit 10^{-10} A Sondenstrom lassen sich gemäß Abbildung 6 kleinere Sondendurchmesser verwirklichen, mit LaB_6-Katode unter 10 nm, mit Feldemissionskatode unter 1 nm. Falls genügend dünne Objekte zur Verfügung stehen, bringt das eine Verbesserung der lateralen Auflösung.

Für die MDM geben JOY und MAHER [39] unter den genannten typischen Aufnahmebedingungen die in Tabelle 7 aufgeführten Werte an.

Tabelle 7
MDM für typische Aufnahmebedingungen

Element	Kantentyp	charakterischer Energieverlust / eV	Atomanzahl	Masse / g
Li	K	55	$9{,}6 \cdot 10^{2}$	$1{,}1 \cdot 10^{-20}$
Si	L	99	$2{,}0 \cdot 10^{3}$	$9{,}3 \cdot 10^{-20}$
S	L	165	$3{,}8 \cdot 10^{3}$	$2{,}0 \cdot 10^{-19}$
B	K	188	$2{,}9 \cdot 10^{3}$	$5{,}2 \cdot 10^{-20}$
Cl	L	201	$4{,}5 \cdot 10^{3}$	$2{,}7 \cdot 10^{-19}$
Ca	L	348	$1{,}8 \cdot 10^{4}$	$1{,}2 \cdot 10^{-18}$
N	K	402	$1{,}7 \cdot 10^{4}$	$4{,}0 \cdot 10^{-19}$
O	K	532	$2{,}4 \cdot 10^{4}$	$6{,}4 \cdot 10^{-19}$
F	K	685	$3{,}4 \cdot 10^{4}$	$1{,}1 \cdot 10^{-18}$

Sie gelten für einen Sondendurchmesser von 30 nm mit $j = 20$ A/cm^2 Stromdichte. Sie sind von gleicher Größenordnung wie die im Abschnitt 3.3. genannten Grenzwerte der EDXS (denen allerdings dort 10^{-9} A Sondenstrom zugrunde liegt). Falls das Objekt höhere Stromdichten verträgt und die Kontamination in Grenzen gehalten werden kann, resultiert eine verbesserte Massenempfindlichkeit. COLLIEX und TREBBIA [40] geben mit der 0,5 nm-Sonde des

Feldemissionsstrahlers am VG-HB5 bei $j = 10^5$ A/cm² an 4 nm dickem Objekt eine Nachweisgrenze der Größenordnung 10^{-21} g an, was weniger als 100 Atomen entspricht. Abbildung 26 (s. Tafelteil) bringt hierzu ein Beispiel.

Das für den Nachweis kleinster Massen erforderliche Signal/Rausch-Verhältnis muß durch geeignete Wahl des maximalen Streuwinkels β (Kontrastblende) optimiert werden. Bei Primärenergien zwischen 100 und 200 keV liefert $\beta < 10$ mrad für die leichten Elemente die besten Ergebnisse [41]. In Abbildung 19 wird dagegen gezeigt, wie die Beobachtung von M-Kanten des Lanthan erst durch einen größeren Streuwinkel möglich wird. Verbesserungen im Signal/Rausch-Verhalten um das Zwanzigfache sind mit Paralleldetektoren erzielt worden. Dieser Technik wird in der Zukunft größere Beachtung zu schenken sein.

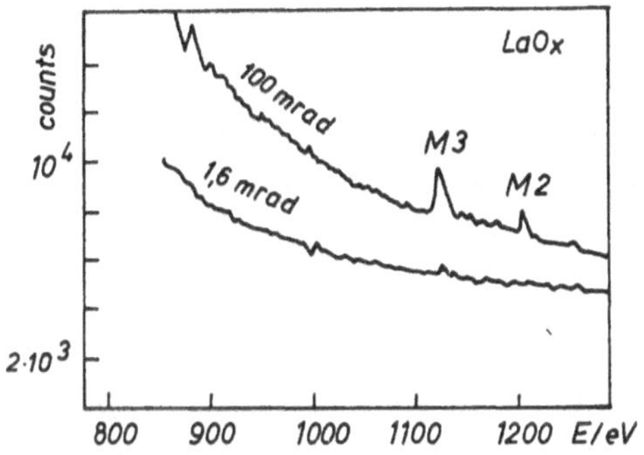

Abb. 19. Sichtbarkeit der Lanthan-M_2,M_3-Kanten bei großem und kleinem Streuwinkel [32]

Für die MMF innerhalb einer Matrix anderer Elemente ist es notwendig, daß sich das Kantensignal genügend über dem Untergrundverlauf heraushebt. Auch dafür ist die Wahl des Streuwinkels wichtig, weil Nutzsignal und Untergrund verschieden vom Winkel abhängen (Abb. 20). Von noch wichtigerem Einfluß ist jedoch die Objektdicke. Wie im Abschnitt 4.4. diskutiert wird, sollte die Objektdicke unterhalb der freien Weglänge für Valenzwechselwirkungen bleiben, da die Kanten sonst durch die unelastische Vielfachstreuung verschmiert werden können. Das bedeutet etwa 50 nm für 100 keV Primärenergie und bis zu 100 nm für 200 keV. Diese Schichtdicken liegen beträchtlich unter den ansonsten für TEM-Abbildungen zulässigen. Da bei geringen Massekonzentrationen mit Rücksicht auf die absolute Massenachweisgrenze oft eine größere Schichtdicke notwendig wäre, engt damit die unelastische Vielfachstreuung die Konzentrationsempfindlichkeit ein. Reale Grenzwerte liegen in der Laborpraxis zwischen 1 und 10 %.

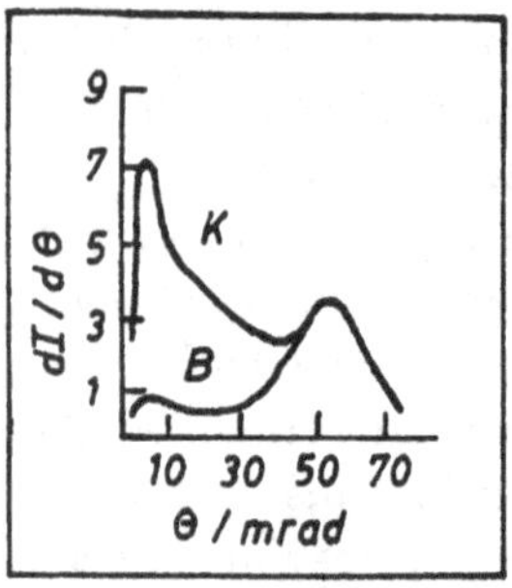

Abb. 20. Abhängigkeit des Nettokantensignals K und des Untergrundes B unter der Kante vom Streuwinkel Θ bei E_0 = 100 keV [42]

4.4. Quantitative Auswertung

Aus der Verlustkantenintensität muß auf die Elementkonzentration geschlossen werden. Durch Integration von Gleichung (9) über den Kantenbereich von E_K bis $E_K + \Delta$ (vgl. Abb. 21) folgt die Aussage

$$I_K \sim N \cdot \sigma(\Delta, \beta), \qquad (12)$$

daß nämlich die Kantenintensität bzw. die Fläche unter der Kante proportional zur Anzahl N der beitragenden Atome im Probenvolumen ist sowie zu dem sogenannten partiellen Wirkungsquerschnitt. Dieser hängt von der Fensterbreite Δ und dem zugelassenen Streuwinkel β ab. Auf der Beziehung (12) beruht das Auswerteverfahren von EGERTON [43], das für die relative Konzentration zweier Elemente die Verhältnisgleichung

$$\frac{N_1}{N_2} = \frac{I_1/I_2}{\sigma_1/\sigma_2} \qquad (13)$$

anwendet. Für die Definition der Funktion $\sigma(\Delta, \beta)$ wird Einzelstreuung vorausgesetzt. Damit gilt (13) nur für genügend dünne Objekte.

Bevor dem Spektrum der Meßwert I_K entnommen werden kann, muß der Untergrund abgezogen werden. Anders als bei Röntgenspektren kann dieser hier nicht von zwei Seiten her konstruiert werden, sondern nur von einer Seite, in Abbildung 21 von links, da die Kante nach rechts theoretisch sehr weit ausgedehnt ist. Praktisch setzt natürlich die nächste Nachbarkante eine Grenze. Im Anpassen der Untergrundfunktion (Gleichung (11)) an das Vorkantengebiet liegt eine Fehlerquelle, weil die Koeffizienten A und r nur stückweise konstant sind, dadurch hängt das Ergebnis von der Breite des Anpassungsgebietes ab. Das ist insbesondere dann der Fall, wenn die Untergrundform·

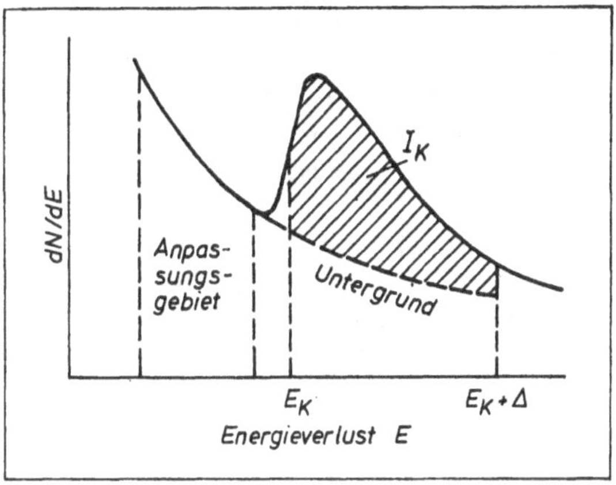

Abb. 21. Zur quantitativen Auswertung einer Verlustkante
E_K – Ionisierungsenergie, Δ – Energiefenster, I_K – Nettokantensignal

durch Nichtlinearitäten im Verstärkergang und der Energieskala, durch Streuelektronen von den Spektrometerwänden oder durch benachbarte Kanten verzeichnet ist. In der Laborpraxis kann es allein durch die Untergrundanpassung zu Abweichungen bis 50 % in der berechneten Konzentration kommen [44].

In die quantitative Auswertung nach Gleichung (13) gehen die partiellen Wirkungsquerschnitte $\sigma(\Delta, \beta)$ als Rechengrößen ein. Zur Zeit sind zwei Wege zu deren Bestimmung von praktischer Bedeutung:

1. Die Effektivitätsfaktormethode

Der partielle Wirkungsquerschnitt wird in drei Faktoren zerlegt [45],

$$\sigma(\Delta, \beta) = \sigma_{tot} \cdot \eta(\Delta) \cdot \eta(\beta). \quad (14)$$

Der totale Ionisationsquerschnitt σ_{tot} ist aus Röntgentabellen zu entnehmen. Der Faktor $\eta(\Delta)$ bedeutet den Bruchteil der unendlich lang angenommenen Kante, der im Fenster der Breite Δ enthalten ist. Wird zum Kantenverlauf die Näherung E^{-s} angesetzt, so ergibt sich

$$\eta(\Delta) = 1 - \left(\frac{E_K}{E_K + \Delta}\right)^{s-1}, \quad (15)$$

wobei der Parameter s dem Experiment zu entnehmen ist. Ganz analog bedeutet $\eta(\beta)$ denjenigen Anteil der Winkelverteilung, der die Aperturblende passiert. Mit der Abhängigkeit $(\Theta^2 + \Theta_E^2)^{-1}$ von Gleichung (6) entsteht

$$\eta(\beta) = \frac{\ln(1 + \beta^2/\Theta_E^2)}{\ln(2/\Theta_E)}. \quad (16)$$

Die notwendigen Umrechnungen übernimmt der Computer. Die Anwendung ist auf K-Kanten beschränkt, weil nur diese die vorausgesetzte analytische Form besitzen. Die Richtigkeit wird durch das verfügbare Tabellenmaterial für σ_{tot} begrenzt, das Abweichungen bis zum Faktor 2 aufweist, und durch die Tatsache, daß der Ansatz (14) nur sehr genähert gilt.

2. Die Wasserstoffapproximation
Die Übergangswahrscheinlichkeit zwischen Anfangs- und Endzustand bei der Ionisation wird an Hand COULOMBscher Wellenfunktionen berechnet. Als Modell dient ein Wasserstoffatom mit Korrekturtermen, die die effektive Kernladung und den Einfluß der äußeren Schalen im betrachteten Atom berücksichtigen. Das Ergebnis ist eine analytische Funktion, aus der durch Integration die gesuchte Größe $\sigma(\Delta, \beta)$ ermittelt wird [46]. Nach Eingabe von β, Δ, Ordnungszahl, Ionisationsenergie und der Primärenergie bewältigt das der Kleinrechner in wenigen Sekunden. Bei Vergleichen mit strengen quantenmechanischen Rechnungen, die wesentlich mehr Zeitaufwand erfordern, erweist sich die Richtigkeit der Näherungsmethode besser als zehn Prozent. Mit einer Modifikation [47] ist die Methode auch für L-Kanten brauchbar.

Die Wasserstoffapproximation wird heute allgemein bevorzugt. Sie ist Bestandteil von kommerziell erhältlichen Auswerteprogrammen. Die besten Wirkungsquerschnitte sind freilich über Standards zu gewinnen, an denen unter gleichen experimentellen Bedingungen wie mit der unbekannten Substanz zu messen ist. Solche Standards müssen auch in der Dicke dem eigentlichen Objekt entsprechen und sind nur in seltenen Fällen verfügbar.

Für die Bestimmung von I_K und σ ist die Wahl der Fensterbreite Δ an sich beliebig. Allerdings können bei zu schmalen Fenstern die kantennahen Feinstrukturen stören. Empfohlen werden Fensterbreiten zwischen 50 und 200 eV. In diesem Bereich sollte das Konzentrationsergebnis von der Fensterwahl unabhängig sein. Eine trotzdem festgestellte Abhängigkeit deutet dann auf fehlerhaften Untergrundabzug hin. Umgekehrt läßt sich dieses Verhalten zu einer objektiveren Untergrundbestimmung ausnutzen [44].

Die drastischsten Einschränkungen der quantitativen EELS rühren von der unelastischen Vielfachstreuung her, weil diese bei dickeren Objekten die Kantenform verändert. Die Elementkonzentration hängt dann nicht mehr gemäß Gleichung (13) vom Nettointegral I_K ab, da dort der partielle Wirkungsquerschnitt für Einzelstreuung steht. Ein Teil der die Kante bildenden Elektronen erfährt aber vor oder nach dem Ionisationsverlust Valenzwechselwirkungen. Die Kante besteht dann näherungsweise aus einer Faltung der idealen Einzelstreuverteilung mit der Niederverlustverteilung. Ist die letztere – wie bei dikken Objekten – breit, so verflacht die Kante. Im extremen Fall macht sie sich nur noch als Änderung der Untergrundkrümmung bemerkbar oder verschwindet gänzlich. Da die Kanten niedrigen Energieverlustes davon stärker betroffen werden, wird die Quantifizierung falsch. Abbildung 22 zeigt den unterschiedlichen Verlauf der Silizium-L-Kante und des Niederverlustbereiches bei dünnem und dickem Objekt.

Als Grenzschichtdicke, bis zu der die EGERTON-Gleichung verwendbar ist, wird $t_g = 0{,}2\ \Lambda$ angegeben [49]. Λ bedeutet die mittlere freie Weglänge für Plasmonen und liegt für 200 keV Primärenergie bei leichten Elementen in der Nähe von 100 nm. Die Situation läßt sich sehr schnell an Hand des Niederverlustspektrums abschätzen. Das Verhältnis Λ/t wird nämlich genähert durch das Verhältnis der Flächen unter dem 1. Plasmaverlust und dem Primärpeak dargestellt [50]. Da Λ mit der Primärenergie zunimmt, sind höhere Strahlspannungen vorteilhaft.

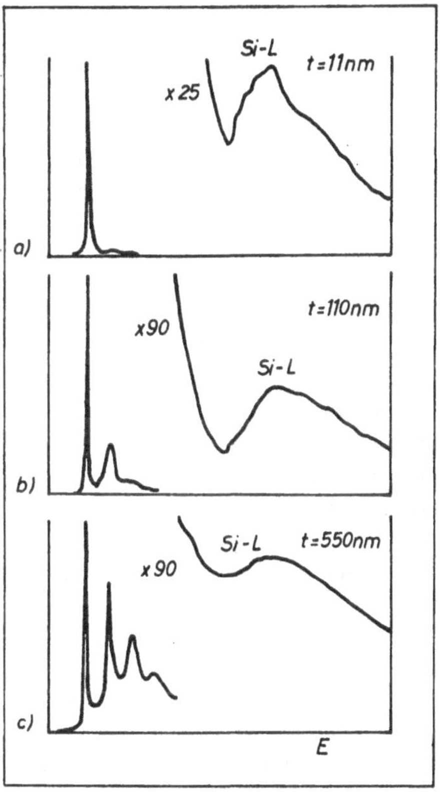

Abb. 22. Verlustspektrum an Siliziumfilm unterschiedlicher Dicke t, mit E_o = 400 keV aufgenommen [48]

Die Vielfachstreuung läßt sich mit Hilfe einer Entfaltungsprozedur abseparieren. Die üblichen Verfahren [51] laufen nach Abtrennung des Untergrundes meist auf die Zerlegung nach FOURIER-Komponenten hinaus und erfordern einigen Aufwand an Speicherkapazität und Rechenzeit. Weil der Untergrundabzug aber gerade an stark verschmierten Kanten problematisch ist, bleibt die Anwendung auf nicht zu dicke Objekte beschränkt. Einen Ausweg verspricht ein Verfahren, bei dem der Untergrundabzug nach der Entfaltung erfolgt [52]. Abbildung 23 (s. Tafelteil) zeigt als Beispiel die Bearbeitung des Verlustspektrums einer dicken B-C-N-Sputterschicht. Infolge der Vielfachstreuung sind die Kanten weitgehend verschmiert. Nach der Entfaltung heben sich die Einzelstreuverteilungen klar vom Untergrund ab und können nun gemäß Gleichung (13) quantifiziert werden.

Korrekturen sind an den partiellen Wirkungsquerschnitten anzubringen, wenn das Objekt konvergent bestrahlt wird, weil dann ein geringerer Bruchteil an gestreuten Strahlen durch die Aperturblende gelangt [50]. Ist zum Beispiel die Bestrahlungsapertur zweimal so groß wie der maximale Streuwinkel (STEM-Fall), so kann der Korrekturfaktor 0,5 betragen. Die Korrektur ist zu vernachlässigen, wenn die Aperturblende Streuwinkel groß gegen Θ_E (Gleichung (7)) zuläßt.

Wenn starke BRAGG-Reflexe zur Analyse beitragen, können verfälschte Ergebnisse erhalten werden, da die Kantenintensitäten dann orientierungsabhängig sind. Beim heutigen Kenntnisstand wird für kristalline Proben empfohlen, die BRAGG-Reflexe durch eine genügend kleine Aperturblende auszuschließen oder schwache Beugungsbedingungen einzustellen [50].

Werden alle die EELS beeinflussenden Faktoren berücksichtigt, so ist heute die Richtigkeit der quantitativen Analyse weit weniger gut als mit der EDXS. Selbst unter optimalen Versuchsbedingungen müssen die mittels EELS gewonnenen Ergebnisse als um ± 20 % unsicher bezeichnet werden. Eine negative Ausnahme besteht für Kohlenstoff, dessen Anteil infolge der Kohlenwasserstoffkontamination oft nur noch unsicherer bestimmt werden kann. Insbesondere bei längerer Bestrahlung mit großer Stromdichte muß selbst in UHV-Geräten mit merklichen Bedeckungen gerechnet werden. Unter mehreren Möglichkeiten erscheint die Berieselung mit langsamen Elektronen als eine der aussichtsreichsten Gegenmaßnahmen [53].

4.5. Anwendungsbeispiele, energiegefilterte Bilder

Aufgrund ihrer hohen Empfindlichkeit für die leichten Elemente wie C, N, O, P, S, Ca hat die EELS insbesondere auf dem biologisch-medizinischen Sektor erhebliche Bedeutung. Als eindrucksvolle Anwendungen seien genannt das Studium des Sauerstoffabbaus in organischen Objekten [54], die Messung des Konzentrationsverhältnisses Ca : O : P : N in Blutkörperchen [55], die Untersuchung von Einschlüssen aus Be, Si, Fe, J im Nierengewebe [56] und der Nachweis geringster Phosphorkonzentrationen in DNA-Zellen [57].

Als interessante Anwendung aus chemischer Sicht ist in Abbildung 24 die Feinstruktur der Sauerstoffkanten von H_2O, CO_2, CuO und CoO wiedergegeben. Unterschiedliche Bindungsverhältnisse äußern sich in Peakverschiebungen.

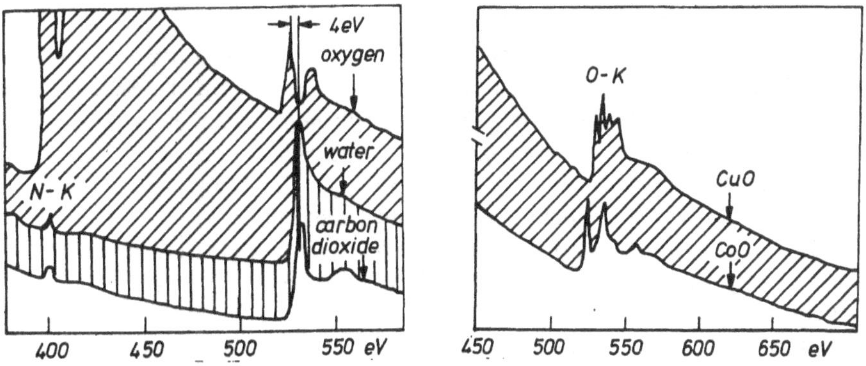

Abb. 24. Feinstruktur der Sauerstoff-K-Kante in unterschiedlichen Verbindungen: molekularer Sauerstoff, Wasser, Kohlendioxid (links, von oben nach unten), Kupferoxid und Kobaltoxid (rechts) [58]

An kristallinen Objekten läßt sich die Verlustspektroskopie unter Channeling-Bedingungen vollziehen. Im Ergebnis werden Anzahl und Abstand nächster Nachbarn entlang spezieller kristallographischer Richtungen erhalten. KRIVANEK et al. [59] konnten zeigen, daß in einem komplexen Spinell die Cr- und O-Ionen sowie Fe^{3+}-Ionen auf Oktaederplätzen sitzen, Fe^{2+}-Ionen dagegen auf Tetraederplätzen (Abb. 25).

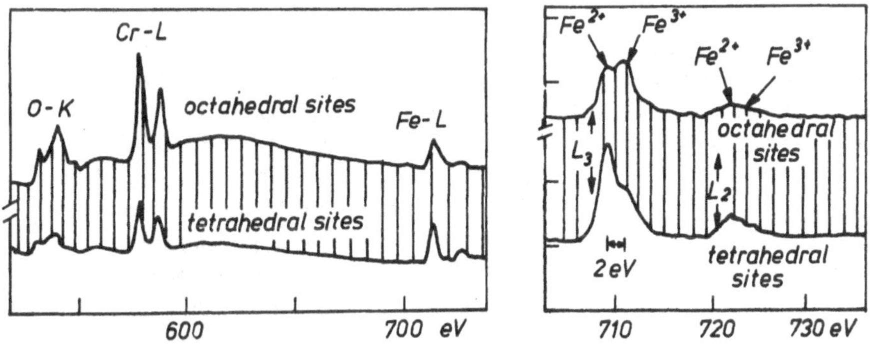

Abb. 25. Unterscheidung von Fe^{2+}- und Fe^{3+}-Peaks im Verlustspektrum eines komplexen Spinells an Oktaeder- und Tetraederplätzen [59]

Die analytische Nutzung von Feinstrukturdetails aller Art steht erst am Anfang. Einen Überblick gibt COLLIEX in [60]. Zunächst muß noch weit mehr Erfahrungsmaterial gesammelt werden, als bisher vorliegt. Ein wichtiger Schritt in dieser Richtung ist die Zusammenstellung von Musterspektren chemischer Elemente und Verbindungen in Form eines Atlasses, der Vergleichsmöglichkeiten bietet [32, 34].

Am Analytischen TEM sind durch die EELS gute Möglichkeiten für energiegefilterte Bilder gegeben, mit denen sich Elementverteilungen darstellen lassen. Dazu wird im rastermikroskopischen Abbildungsmodus die Spektrometererregung bei einem ausgewählten Durchlaßbereich festgehalten und mit dem betreffenden Signal die Helligkeit der Wiedergaberöhre gesteuert. Gegenüber den röntgenographischen Verteilungsbildern ist das Signal/Rausch-Verhältnis besser, das Signal/Untergrund-Verhältnis schlechter.

Als Beispiel für das Vordringen in Grenzbereiche zeigt Abbildung 26 (s. Tafelteil) kleinste Uran-Cluster aus ca. 10 Atomen, die mit Hilfe des $O_{4,5}$-Kantensignals abgebildet wurden [61].

Der Einfluß des Untergrundes wird in Abbildung 27 (s. Tafelteil) demonstriert. Im linken Teilbild a), mittels STEM aufgenommen, sind kleine Kriställchen auf amorphem Kohlefilm sichtbar. Nach Beugungsaufnahmen blieb unklar, ob es sich um diamantartig kristallisierte Kohlenstoffpartikeln handelt oder um Kupfer. Das energiegefilterte Teilbild b) wurde mit der Energiebreite 30 eV von der Kohlenstoff-K-Kante gewonnen. Die Signalintensität (Helligkeit) ist in den Partikeln beträchtlich höher als in der umgebenden Matrix. Teilbild c) stammt von Elektronen, deren Energieverlust niedriger als die C-K-Kante liegt und etwa den Kantenuntergrund repräsentiert. Auch hier liefern die Partikeln höhere Signalintensität als die Matrix. Nun ist aber offensichtlich die Signaldifferenz Teilchen-Matrix im Teilbild b) größer als im Teilbild c). Daraus folgt, daß die Teilchen aus Kohlenstoff bestehen.

Eine systematische Abtrennung des Massendickekontrastes läßt sich mit digitaler Bildverarbeitung erreichen. Durch Bildspeicher wird dabei die Objektbelastung reduziert. Ein Beispiel für rechnergesteuerten Untergrundabzug enthält Abbildung 28 (s. Tafelteil) nach OTTENSMEYER et al. [63]. Neben einer gefilterten Übersichtsabbildung sind die Verteilungsbilder von Phosphor und Kalzium wiedergegeben, die auf charakteristische Anlagerungen hinweisen. Überzeugende Ergebnisse erzielten WATARI et al. [64] mit einer Signalmischmethode. In Abbildung 29 (s. Tafelteil) werden drei Signale, und zwar das vom Kantenmaximum, das vom Kantenfuß und eines vom ungestreuten Anteil, so kombiniert, daß die Massendicke herausfällt. Mit Hilfe der Bildreihe von einem korrodierten Eisenobjekt ließ sich zeigen, daß die linke Objekthälfte mehr Sauerstoff enthält.

Eine exzellente Methode zur Darstellung des Materialkontrasts wird auf Abbildung 30 erläutert. Der STEM-Detektor erzeugt ein auf elastischer Streu-

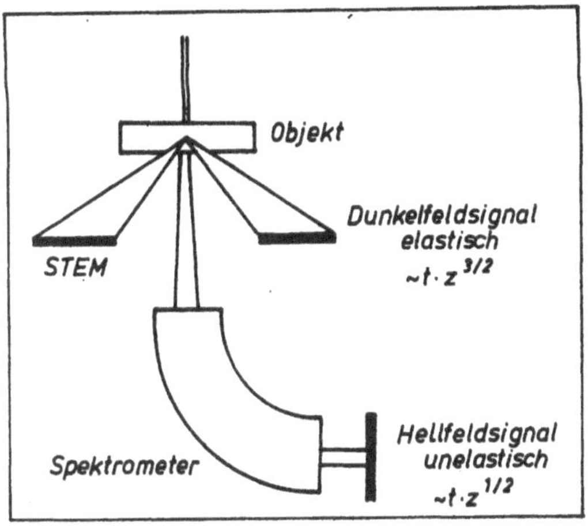

Abb. 30. Schematische Darstellung der Z-Kontrast-Technik nach CREWE [65]

ung beruhendes Dunkelfeldsignal, das Verlustspektrometer liefert das unelastische Hellfeldsignal. Der Quotient aus den beiden Signalen ist proportional zu Z, weil sich die Objektdicke herauskürzt:

$$t \cdot Z^{3/2} / t \cdot Z^{1/2} = Z. \qquad (17)$$

Abbildung 31 (s. Tafelteil) gibt zwei Anwendungen biologischer Art wieder.

Ein gänzlich anderer Weg, um zu energiegefilterten Bildern zu gelangen, besteht in der Verwendung eines dreieckigen magnetischen Prismas mit elektrostatischem Umkehrspiegel, eingefügt in den Abbildungsstrahlengang des konventionellen TEM (Abb. 32). Eine Blende oberhalb der Projektivlinse sondert einen begrenzten Energiebereich aus. Die Anordnung geht auf CASTAING zurück und wurde neuerdings von der Firma OPTON im EM 902 nach einer Konzeption von OTTENSMEYER [67] kommerziell verwertet. Der Vorteil liegt in der direkten Parallel-Aufnahmetechnik, die gegenüber der rastermikroskopischen Bildentstehung ein weitaus günstigeres Signal/Rausch-Verhältnis aufweist und zur Zeit bessere laterale Auflösung verspricht (0,5 nm werden angegeben). Für die Aufnahme eines Verteilungsbildes werden nur einige Sekunden benötigt, in Rastertechnik dagegen einige Minuten. Durch periodische Änderung der Beschleunigungsspannung lassen sich mit dieser Anordnung über einen Vielkanalanalysator auch Verlustspektren registrieren, wobei Objektdetails durch die Bereichsblende ausgesondert werden können.

Ob die Erzeugung energiegefilterter Bilder am Ende über das parallel abbildende Filter oder über die sequentielle Rastertechnik vorteilhafter ist, hängt von der beabsichtigten Weiterverwertung ab.

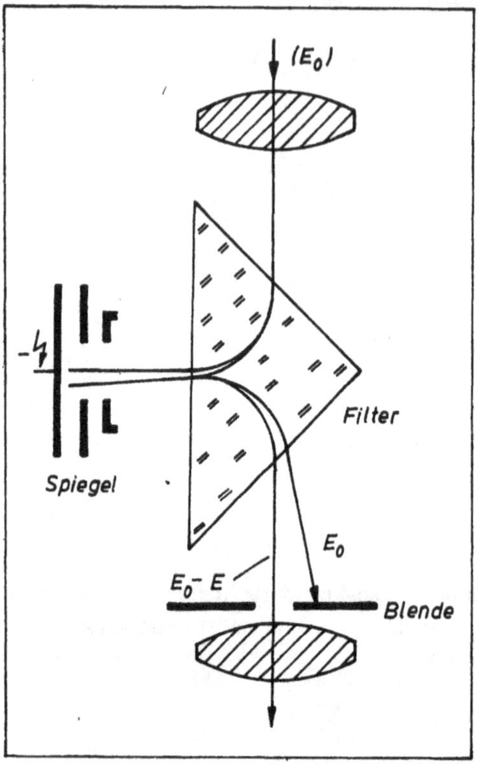

Abb. 32. Prinzip der elektronenspektroskopischen Parallelabbildung des OPTON-EM 902

5. Beugungsverfahren

5.1. Herkömmliche Feinbereichsbeugung

Die Elektronenbeugung ist die älteste analytische Methode, die mit der elektronenmikroskopischen Abbildung verknüpft ist. Sie liefert eine zumindest qualitative Information über die untersuchte Substanz, vorausgesetzt, diese liegt in kristalliner Modifikation vor.

Der zugelassene Objektbereich wird im LE POOLEschen Strahlengang [68] mit einer Blende in der Zwischenbildebene festgelegt. Die Schärfe des Beugungsdiagrammes, d. h. seine Winkelauflösung, hängt von der Parallelität des Beleuchtungsstrahlenganges ab und geht bis herunter auf 10^{-5} bis 10^{-6} rad. An der unteren Grenze ist das Diagramm allerdings sehr intensitätsschwach. Das Zwischenlinsenstreufeld wirkt bei Abbildung und Beugung verschieden auf den Strahlengang ein. Zusammen mit dem Öffnungsfehler der Objektivlinse bewirkt es Abweichungen zwischen abgebildetem und beugendem Objektbereich. Wegen der Abhängigkeit der BRAGGschen Winkel von der Strahlspannung fällt der Zuordnungsfehler bei Geräten mit höherer Spannung weniger ins Gewicht. Als sinnvolle untere Grenze ist bei den 200 kV-Geräten ein Bereichsdurchmesser von 0,3 μm anzusehen.

Die weitere Verkleinerung des beugenden Objektbereiches gelingt nur durch Feinstrahlbeleuchtung. Die modernen analytischen Mikroskope eröffneten aufgrund ihrer Konstruktion dafür verbesserte Möglichkeiten. Hinzu kommen die vorhandenen Einrichtungen zur Strahlablenkung, wodurch sich neuartige Beugungsverfahren verwirklichen ließen.

5.2. Mikrobeugung

Die sogenannte Mikrobeugung arbeitet mit zwei- oder dreistufiger Verkleinerung des Katodenbrennfleckes durch einen Feinstrahlkondensor. Im konventionellen Strahlengang sind damit Fleckgrößen bis unter 0,1 μm erzielbar, allerdings auf Kosten einer vergrößerten Bestrahlungsapertur, also verringerten Winkelauflösung der Größenordnung 10^{-4} rad im Beugungsdiagramm.[1]

Die kleinsten Sondendurchmesser lassen sich mit dem Fokussierungssystem für die Rasterabbildung erzielen. Mit Hilfe des Objektivlinsenvorfeldes wird der nm-Bereich erreicht, wie es bereits für die Verlustanalyse diskutiert wurde. Für

1 Die beste Winkelauflösung entsteht, wenn das Objekt hinter der Projektivlinse angeordnet und die Elektronenquelle mit Hilfe des Abbildungssystems auf dem Endbildschirm fokussiert wird (sogenannte linsenlose Beugung).

den Zusammenhang zwischen Strahlstrom und Fleckgröße ist wieder der Richtstrahlwert des Strahlerzeugers maßgebend; es gelten die in Abbildung 6 dargestellten Gesetzmäßigkeiten. Die das Objekt abrasternde Sonde kann auf der Bildröhre verfolgt und am gewünschten Ort angehalten werden. Falls die Kohlenwasserstoffkontamination nicht stört, können Beugungsdiagramme von Kristallen unter 10 nm Größe auf dem Leuchtschirm des Mikroskops beobachtet oder fotografisch registriert werden. Allerdings sind solche kleinen Kristalle unter dem Elektronenstrahl selten mechanisch stabil. Durch Stoßprozesse und thermische Vorgänge begünstigt, bewegen sie sich auf dem Trägerfilm, so daß eine Aufnahme schwierig wird.

Bei kleinstem Sondendurchmesser geht die Bestrahlungsapertur bis über 10 mrad. Für viele Fälle liefert gerade diese Beobachtungsart interessante Informationen (Beugung im konvergenten Strahlengang); für klassische „Punkt"-Diagramme ist die Winkelauflösung jedoch meist ungenügend, so daß ein Kompromiß mit der Ortsauflösung eingegangen werden muß (Abb. 33).

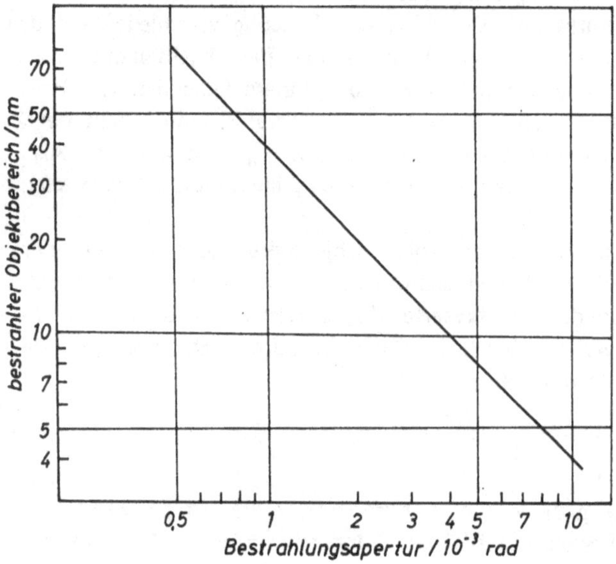

Abb. 33. Zusammenhang zwischen bestrahltem Objektbereich und Bestrahlungsapertur im JEM-200CX [69]

5.3. Rocking Beam-Methoden

Mit dem Analytischen TEM lassen sich leicht sequentielle Beugungstechniken verwirklichen. Der konventionellen Beugung am ähnlichsten ist ein Verfahren, bei dem das beleuchtende Elektronenbündel auf dem Objekt ruht, das Beugungsbild aber mit Hilfe eines Spulensystems periodisch über einen Detektor mit feiner Eintrittsblende bewegt wird. Der Ablenkstrom bewegt synchron den Schreibstrahl der Rasterbildröhre, deren Helligkeit durch den Detektorstrom gesteuert wird. Jedem Punkt des Bildschirmes ist dann nicht ein Objektpunkt, sondern ein Ablenk- bzw. Beugungswinkel zugeordnet. Auf dem Bildschirm entsteht das Beugungsdiagramm.

Folgende Variationen dieser Anordnung sind möglich:

1. Anstatt helligkeitsmoduliert wird der Rasterbildschirm in Y-Modulation betrieben. Das Beugungsdiagramm erscheint als Kurvenschar der Intensität über dem Winkel (Abb. 34, Tafelteil).
2. Die periodische Auslenkung des Beugungsdiagramms erfolgt nicht hinter dem Objekt, sondern durch Änderung der Strahleinfallsrichtung vor dem Objekt. Falls sich dabei die kristallinen Anregungsbedingungen nicht ändern, ist das Ergebnis gleich dem mit nachträglicher Ablenkung, die Erregung der Folgelinsen hat jedoch keinen Einfluß mehr auf den Beugungswinkel und damit die Kameralänge. Das Beugungsdiagramm wird auf die Detektoröffnung fokussiert. Bei kleiner Bestrahlungsapertur wird dann die Winkelauflösung von der Detektoröffnung bestimmt und ist leicht unter 10^{-5} rad zu bringen. Die Ortsauflösung ist durch die Größe des bestrahlten Objektbereiches gegeben und durch Auswandern bei der Ablenkung bestenfalls 1 μm.
3. Mit der Anordnung wie unter 2. wird hohe Ortsauflösung erzielt, indem auf der Detektoröffnung das Endbild scharfgestellt wird. Als Detektoröffnung kann auch eine Bohrung im Endbildschirm des Mikroskops dienen. Beim Abbildungsmaßstab 330 000 : 1 läßt sich beispielsweise durch ein 1-mm-Loch ein Objektdetail von 3 nm ausblenden. Wird mit kleiner Kontrastblende gearbeitet, so entsteht bei der periodischen Beleuchtungsstrahlkippung auf dem Endbildschirm eine Folge von Hell- und Dunkelfeldbildern, auf der Rasterbildröhre erscheint das Beugungsdiagramm der 3 nm großen Objekteinzelheit. Dieses zuerst von GEISS [70] vorgeschlagene Feinbereichsverfahren vermeidet die mit der Feinstrahlbeleuchtung verbundene Kontaminationsgefahr. Die Winkelauflösung ist durch die Größe der Kontrastblende festgelegt und beträgt bei kleinster Blende um 1 mrad.
4. Das Beugungsdiagramm wird nicht auf der Rasterbildröhre aufgezeichnet, sondern nach Digitalisierung des Detektorsignals rechnergesteuert auf ein graphisches Display gebracht. STOREY und FITZGERALD [71] registrierten auf diese Weise an ihrem TEM Streukurven von amorphen Objekten, aus denen radiale Dichtefunktionen berechnet wurden.

Da die heutigen analytischen Geräte für die spektroskopischen Verfahren mit Vielkanalanalysator, Bildschirm und Kleinrechner ausgerüstet sind, ist für die rechnergesteuerte Aufnahme und Verarbeitung von Beugungsdiagrammen die notwendige Hardware bereits vorhanden. Hier sei noch eine entsprechende Laborentwicklung aus dem ZFW Dresden [72] vorgestellt, mit der am JEM-

200CX erste Betriebserfahrungen gesammelt wurden. Die Einrichtung ist für Ringdiagramme geeignet. Wie aus der schematischen Abbildung 35 hervorgeht, sind folgende Funktionselemente vorhanden:

a) Strahlkippung oberhalb des Objekts mit dem Spulensystem für konventionelle Dunkelfeldabbildung;
b) Ansteuerung der Strahlkippung über die Adressenfortschaltung des KEVEX-7000-Vielkanalanalysators, dabei läuft das Beugungsdiagramm auf einer Linie über den Endbildschirm;
c) Ausblendung einer Einzelheit des Beugungsdiagramms durch einen Spalt 0,4 mm x 0,7 mm im Zentrum des Endbildschirmes, der Spalt ist der einzig notwendige Eingriff in den Aufbau des Mikroskops;
d) Registrierung der Intensität durch den STEM-Detektor;
e) Verarbeitung des Analogsignals durch den Sequentiellprozessor der Verlustanalyse, Umwandlung in digitale Information;
f) Wiedergabe auf dem KEVEX-Farbbildschirm, die Aufnahmezeitdauer beträgt 10 bis 100 s je nach Objekt und Bestrahlungsbedingungen.

Für die Auswertung des Beugungsdiagramms wurde das Softwarepaket DIANA entwickelt. Folgende Schritte sind vorgesehen: Kalibrierung der Skala in Vielfachen von 100 nm/D (D – Netzebenenabstand) an Hand einer Vergleichsaufnahme von bekannter Substanz, Glättung, automatische Peaksuche, Anschluß an ein Indizierungsprogramm [73], Darstellung der theoretischen Reflexlagen von Standardsubstanzen auf dem Bildschirm, Ablagern der Diagramme auf Magnetplatte, Ergebnisausdruck.

Das Ergebnis ist während der Untersuchung unmittelbar verfügbar, ohne Zwischenschaltung des zeitaufwendigen Fotoprozesses mit anschließendem Ausmessen der Beugungsringe. Intensitätsmessungen sind über einen dynamischen Bereich von fünf Zehnerpotenzen hinweg direkt möglich. Eng beieinanderliegende und intensitätsschwache Peaks können mit höherer Präzision erfaßt werden als über die Fotoplatte. Der Zusammenhang zwischen Reflexposition und Netzebenenabstand ist für einen größeren Beugungswinkelbereich linear als im konventionellen Beugungsstrahlengang, da dort der Öffnungsfehler der Zwischenlinsen Grenzen setzt. Abbildung 36 (s. Tafelteil) enthält als Anwendungsbeispiel von einer Chrom-Silizium-Schicht das fotografisch registrierte Ringdiagramm sowie einen Ausschnitt der digitalen Aufzeichnung auf dem Spektrometerbildschirm. Die vom Rechner gefundenen Kurvenmaxima sind durch senkrechte Balken markiert.

Auf dem kommerziellen Sektor ist ein Betriebssystem für die digitale Aufzeichnung und Auswertung von Beugungsdiagrammen zur Zeit noch nicht im Angebot. Jedoch zeichnet sich ab, daß dieses Anwendungsgebiet durch die Geräteindustrie demnächst einem breiten Nutzerkreis erschlossen wird.

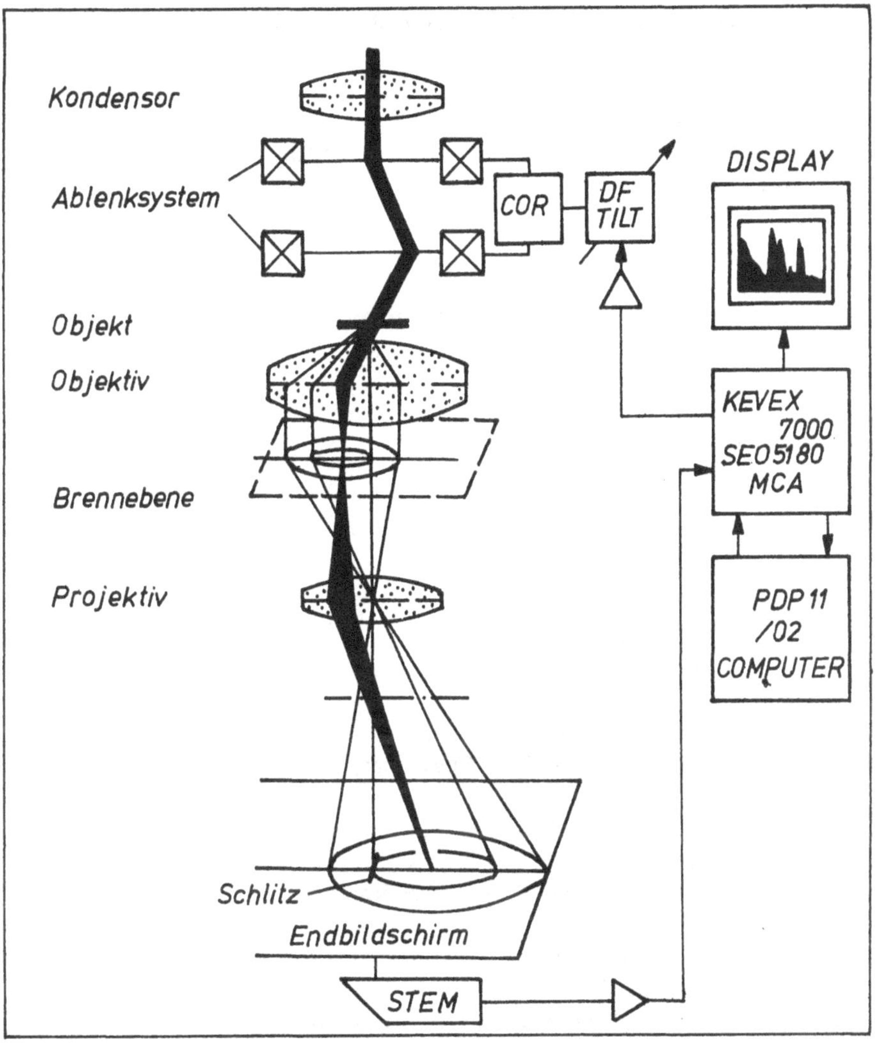

Abb. 35. Einrichtung zur digitalen Aufzeichnung von Beugungs-Ringdiagrammen am Analytischen TEM [72]

6. Verzeichnis der verwendeten Symbole und Abkürzungen

(Gesetzliche Maßeinheiten und Symbole von chemischen Elementen und Elektronenzuständen sind nicht enthalten)

A	Untergrundparameter
A	Atomgewicht
AC	Accelerating Current (Wechselstrom)
AES	Auger Electron Spectroscopy (Auger-Elektronenspektroskopie)
b	Strahlverbreiterung
B(E)	Untergrundfunktion
BF	Bright Field (Hellfeld)
C	Konzentration
D	Netzebenenabstand
DC	Direct Current (Gleichstrom)
DF	Dark Field (Dunkelfeld)
dN/dE	Zählereignisse pro Energieintervall
e	Elektronenladung
E	Energieverlust
E_o	Primärenergie
E_K	Ionisationsenergie
EDXS	Energy Dispersive X-ray Spectroscopy (Energiedispersive Röntgenspektroskopie)
EELS	Electron Energy Loss Spectroscopy (Elektronen-Energieverlustspektroskopie)
ESCA	Electron Spectroscopy for Chemical Analysis (Elektronenspektroskopie für Chemische Analyse)
EXAFS	Extended X-ray Absorption Fine Structure (Kantenferne Röntgenabsorptionsfeinstruktur)
EXELFS	Extended Electron energy Loss Fine Structure (Kantenferne Elektronenenergieverlust-Feinstruktur)
FEG	Field Emission Gun (Feldemissionsstrahler)
G	Gütefaktor
I_K	Nettokantenintensität
j	Stromdichte
k	Empfindlichkeitsfaktor
K	Verlustkante
M	Masse
MCA	Multi Channel Analyzer (Vielkanalanalysator)
MDM	Minimum Detectable Mass (minimal nachweisbare Masse)

MMF	Minimum detectable Mass Fraction (minimal nachweisbarer Massenanteil)
N	Atomzahl
p	Druck
P/B	Peak/Background-Verhältnis (Linien/Untergrund-Verhältnis)
PMT	Photo Multiplier Tube (Sekundärelektronenvervielfacher)
Q	Detektionseffektivität
r	Untergrundexponent
s	Kantenexponent
SEM	Scanning Electron Microscope (Rasterelektronenmikroskop)
STEM	Scanning Transmission Electron Microscope
t	Schichtdicke
t_g	Grenzschichtdicke
TELESCA	Transmitted Energy Loss Electron Spectroscopy for Chemical Analysis (Energieverlustelektronenspektroskopie in Durchstrahlung für Chemische Analyse)
TEM	Transmission Electron Microscope (Durchstrahlungselektronenmikroskop)
U_o	Beschleunigungsspannung
UHV	Ultrahochvakuum
UTW	Ultra Thin Window detector (Ultradünnfenster-Detektor)
W	Quantenausbeute
WL	Window Less detector (fensterloser Detektor)
Z	Ordnungszahl
ZAF	Ordnungszahl-Absorption-Fluoreszenz
β	Streuapertur
γ	Spektrometerapertur
δ	laterale Auflösung
δE	Energieauflösung
ΔE	Energiefenster
ϵ	dielektrische Funktion
η	Effektivitätsfaktor
Θ	Streuwinkel
Θ_E	charakteristischer Streuwinkel
Θ_g	Grenzwinkel
Λ	mittlere freie Weglänge
μ/ρ	Massenabsorptionskoeffizient
ν	Zählrate
ρ	Dichte
σ	Wirkungsquerschnitt
τ	Meßzeitdauer
φ	Abnahmewinkel
φ'	Kippwinkel
Ω	Raumwinkel

7. Abbildungsverzeichnis

8. Tabellenverzeichnis

9. Literatur

[1] Hillebrand, R., Scheerschmidt, K., Neumann, W., Werner, P., Pippel, A., Bildinterpretation in der Hochauflösungs-Elektronenmikroskopie, Beiträge zur Forschungstechnologie, Band 11, Akademie-Verlag, Berlin 1984

[2] Hillier, J., Baker, R. F., J. Appl. Phys. **15** (1944) 663

[3] Castaing, R., Guinier, A., Proc. 1st. Int. Congr. EM, Delft 1949, S. 60

[4] Opton Feintechnik GmbH, Oberkochen, Firmendruckschrift (1984)

[5] Vacuum Generators, Sussex (England), Firmendruckschrift (1982)

[6] Ruste, J., in: Microanalysis and SEM, Sommerschule St. Martin (Frankreich) 1978, S. 215

[7] Colliex, C., Proc. 8th Europ. Congr. EM, Budapest 1984, S. 349

[8] Jaklevic, J. M., Goulding, F. S., IEEE Trans. Nucl. Sci. **NS-18** (1971) 187

[9] Musket, R. G., NBS Publication **604** (1981)

[10] Statham, P. J., J. of Micr. **130** (1983) 165

[11] Wittry, D. B., Proc. 7th Europ. Congr. EM, Den Haag 1980, S. 3–14

[12] Zaluzec, N. J., in: Introduction to Analytical EM, New York 1979, S. 121

[13] Kyser, D. F., in: Introduction to Analytical EM, New York 1979, S. 199

[14] Goldstein, J. I., Williams, D. B., SEM, Chikago 1977, S. 651

[15] Doig, P., Lonsdale, D., Flewitt, P. E. J., JEOL News **18E** (1980) 2

[16] Isaacsón, M., in: Proc. 10th Int. Congr. EM, Hamburg 1982, S. 577

[17] Joy, D. C., Maher, D. M., SEM, Chikago 1977, S. 325

[18] Ziebold, T. O., Anal. Chemie **39** (1967) 858

[19] Romig, A. D., Goldstein, J. I., Microbeam Analysis, San Francisco 1979, S. 124

[20] Cliff, G., Lorimer, G. W., J. Microscopy **103** (1975) 203

[21] Thorvaldsson, T., Garrat-Reed, A. J., Sande, J. B. van der, in: Proc. 8th Europ. Congr. EM, Budapest 1984, S. 401

[22] Goldstein, J. I., Costley, J. L., Lorimer, G. W., Reed, S. J. B., SEM, Chikago 1977, S. 315

[23] Wendt, M., in: Mikroanalyse dünner Schichten, Kongreßber. Univ. Halle (1984) 3

[24] Hall, T. A., NBS-Publikation **298** (1968) 269

[25] Joy, D. C., Maher, D. M., in: 33th Am. Proc. EM Soc. Americ. (1975) 242

[26] Lorimer, G. W., Analytical EM, Proc. Workshop Cornell Univ. (1976)

[27] Scholz, W., in: Veröff. 6. Tagung Mikrosonde, Dresden 1984, S. 87

[28] Philibert, J., Tixier, R., Physical Aspects of EM and Microbeam Analysis, New York 1975, S. 333

[29] Smith, K. C. A., in: Proc. 10th Int. Congr. EM, Hamburg 1982, S. 123

[30] Johnson, D. E., Rad. Res. **49** (1972) 63

[31] Sevier, S., in: EELS, Wiley Interscience, New York 1972, S. 356

[32] Ahn, C. C., Krivanek, O. L., Burgner, R. P., Disko, M. M., Swann, P. R., EELS Atlas, Gatan Inc./Arizona Univ. (1983)

[33] Joy, D. C., in: Introduction to Analytical EM, New York 1979, S. 223

[34] EELS User's Manual 9100, EDAX Inc. (1982)

[35] Maher, D. M., Joy, D. C., Egerton, R. F., Mochel, P., J. Appl. Phys. **50** (1979) 3105

[36] Krivanek, O. L., Swann, P. R., in: Quant. Microanalysis with High Spat. Resolution, London 1981, S. 136

[37] GATAN Inc., Warrendale (USA), Firmendruckschrift (1982)

[38] Monson, K. L., Johnson, D. E., Csillag, S., SEM/82/IV (SEM Inc. AMF, Illinois) (1982)

[39] Joy, D. C., Maher, D. M., Science **206** (1979) 162

[40] Colliex, C., Trebbia, P., Ultramicr. **9** (1982) 259

[41] Maher, D. M., in: Introduction to Analytical EM, New York 1979, S. 259

[42] Colliex, C., Cosslett, V. E., Leapman, R. D., Trebbia, P., Ultramicr. **1** (1976) 301

[43] Egerton, R. F., Ultramicr. **3** (1978) 243

[44] Bauer, H. D., Scholz, W., in: Conf. Proc. Surface Analysis, Bratislava 1983

[45] Isaacson, M., Johnson, D., Ultramicr. **1** (1975) 33

[46] Egerton, R. F., Ultramicr. **4** (1979) 169

[47] Egerton, R. F., 39th Ann. Proc. EM Soc. Americ. (1981) 198

[48] Bando, Y., Matsui, Y., Kitami, Y., Inomata, Y., JEOL News **22E** (1984) 8

[49] Zaluzec, N. J., 38th Ann. Proc. EM Soc. Americ. (1980) 112

[50] Joy, D. C., Maher, D. M., Journ. of Micr. **124** (1981) 37

[51] Swyt, C. R., Leapman, R. D., Scanning EM, Chikago 1982, S. 73

[52] Bauer, H. D., Scholz, W., 3rd Joint Vacuum Conf., Debrecen 1985

[53] Rechner, W., Schneider, R., in: Veröff. 11. Tagung EM, Dresden 1984, S. 155

[54] Egerton, R. F., Ultramicr. **5** (1980) 521

[55] Leapman, R. D., Swyt, C. R., Proc. EMSA (1981) 636

[56] Mignon-Conté, M. A., Pourrat, J. P., Carentz, F., Sevely, J., Conté, J. J., in: 16th Ann. Meeting ESCI, Luxemburg 1982

[57] Joy, D. C., in: 9th Ann. Meeting Micr. Soc., Canada 1982

[58] Ahn, C. C., Burgner, R. P., Krivanek, O. L., Swann, P. R., in: Ref. [37]

[59] Krivanek, O. L., Disko, M. M., Tafto, J., Spence, J. C. H., Ultramicr. **9** (1982) 249

[60] Colliex, C., Advances in Opt. and El. Micr. **9** (1984) 65

[61] Krivanek, O. L., in: Proc. 10th Int. Congr. EM, Hamburg 1982, S. 167

[62] Bewilogua, K., Veröff. 11. Tagung EM, Dresden 1984, S. 293

[63] Ottensmeyer, F. P., Arsenault, A. L., Yu, A., in: Proc. 10th Int. Congr. EM, Hamburg 1982, S. 597

[64] Watari, F., Butler, J. H., Higgs, A., Cowley, J. H., in: Proc. 10th Int. Congr. EM, Hamburg 1982, S. 593

[65] Crewe, A. V., Langmore, J. P., Isaacson, M. S., in: Phys. Aspects in SEM, New York 1975

[66] Carlemain, E., Colliex, C., Garavito, M., Kellenberger, E., in: Ref. [37]

[67] Ottensmeyer, F. P., J. Ultrastr. Res. **72** (1980) 336

[68] Le Poole, J. B., Philips Technische Rundschau **9** (1947) 33

[69] JEOL Ltd., Tokio, Firmendruckschrift (1981)

[70] Geiss, R. H., Appl. Phys. Lett. **27** (1975) 174

[71] Storey, B. E., Fitzgerald, A. G., in: Proc. 10th Int. Congr. EM, Hamburg 1982, S. 449

[72] Scholz, W., Bauer, H. D., in: Proc. 8th Europ. Congr. EM, Budapest 1984, S. 295

[73] Edelmann, J., Wiss. Berichte ZFW Dresden 9 (1977) 13

10. Sachregister

11. Zusammenfassung

Unter Analytischer Transmissionselektronenmikroskopie ist die Kombination zwischen Transmissionselektronenmikroskopie, Röntgenspektroskopie und Energieverlustspektroskopie zu verstehen. Grundgerät ist entweder ein konventionelles Durchstrahlungselektronenmikroskop (TEM -- Transmission Electron Microscope), das mit Zusätzen zur Rastermikroskopie versehen ist, oder ein spezielles Rasterdurchstrahlungsmikroskop (STEM – Scanning Transmission Electron Microscope). Während die elektronenmikroskopische Abbildung auf der elastischen Streuung der Elektronen im Objekt beruht, wird mit Hilfe von analytischen Zusatzeinrichtungen die unelastische Wechselwirkung ausgenutzt. Ein Halbleiterdetektor erfaßt die vom Objekt emittierte Röntgenstrahlung (EDXS – Energy Dispersive X-ray Spectroscopy), und ein Spektrometer zerlegt die Elektronen bezüglich ihrer Energie (EELS – Electron Energy Loss Spectroscopy).

Damit liefert das Gerät neben morphologischen Informationen Aussagen über die chemische Zusammensetzung dünner Objekte. Durch die rasche Entwicklung der Gerätetechnik ist es heute möglich geworden, bis in atomare Dimensionen vorzudringen und in speziellen Fällen Volumina bis herunter zu 1 nm^3 zu untersuchen, wobei Signale von 10^{-21} g Substanz, d. h. einigen 10 Atomen, erfaßt werden. Mit dem Analytischen TEM lassen sich weiterhin über die Elektronenbeugung Informationen zur Kristallstruktur und mit verfeinerter spektroskopischer Untersuchungstechnik über die Elektronenstruktur und den Bindungszustand gewinnen. Die Steuerung der Meßabläufe sowie die qualitative und quantitative Auswertung übernimmt ein angeschlossener Kleinrechner.

Im vorliegenden Band werden die physikalischen Grundlagen und die methodischen Techniken mit ihren gegenwärtigen Leistungsgrenzen und Entwicklungsaspekten behandelt. Anhand von Beispielen wird die Leistungsfähigkeit der analytischen Verfahren demonstriert, die in den letzten Jahren zu größerer Reife entwickelt und zunehmend angewendet wurden.

11. Summary

Analytical transmission electron microscopy is performed by the combination of transmission electron microscopy, X-ray spectroscopy and energy loss spectroscopy. The basic instrument is either a conventional Transmission Electron Microscope (TEM) equipped with attachments for scanning microscopy or a dedicated Scanning Transmission Electron Microscope (STEM). Whereas the electron microscopic imaging depends on the elastic scattering of electrons in the sample, by means of analytical accessories is used the inelastical interaction. A solid state detector records the X-rays emitted by the sample (EDXS – Energy Dispersive X-ray Spectroscopy) and a spectrometer analyses the electrons according to their energy (EELS – Electron Energy Loss Spectroscopy).

Therefore the instrument gives information both on morphology and chemical composition of thin films. As a result of rapid developments in instrumentation, nowadays it is possible to advance into atomic dimensions by investigation of volumina down to 1 nm^3, registering signals owing to quantities of 10^{-21} g, i. e. about 10 atoms. By the analytical TEM further informations can be obtained on crystal structure by means of electron diffraction and on the electronic structure and the valence state by refined spectroscopic techniques. The control of measurements as well as the qualitative and quantitative data processing is supported by an on line minicomputer.

This volume deals with the physical fundamentals and methodical requirements as well as their present limits of efficiency and futural trends. The performance of the analytical techniques, which have been developed to a higher maturity during the last years and which have been used increasingly, is demonstrated by examples.

Резюме

Под аналитической трансмиссионной электронной микроскопией понимается комбинация трансмиссионой электронной микроскопии, рентгеновской спектроскопии и спектроскопии по потере энергии электронов. Базовый прибор — это или обычный электронный микроскоп на просвет (TEM – Transmission Electron Microscope) снабжённый приставкой для растровой микроскопии или специяльный растровый трансмиссионый микроскоп (STEM – Scanning Transmission Electron Microscope). В то время как электронномикроскопическое изображение основается на упругом рассеянии электронов в объекте, в аналитической микроскопии используется неупругое взаимодействие. Полупроводниковый детектор регистрирует испускаемое объектом рентгеновское изучение (EDXS – Energy Dispersive Xray Spectroscopy), а спектрометр разлагает электроны по энергии (EELS – Electron Energy Loss Spectroscopy).

Тем самим прибор даёт наряду с морфологической информацией сведения о химическом составе тонких объектов. Благодаря быстрому развитию приборостроения стало возможным ещё глубнее проникнуть в атомарные размеры и в особих случаях исследовать объёмы менее 1 nm^3 при этом зарегистрировать сигнал от минимум 10^{-20} г вещества, т. е. приблизительно десяти атомов. С помощю аналитической TEM можно кроме того через электронную дифракцию получить сведения по кристаллической структуре и утончённой спектроскопической техникой по электронной структуре и состоянию связи. Управление измерением а также качественная и количественная обработка результатов производится подсоединённей малой ЭВМ.

В настоящей работе рассматриваются физические основы и методические техники эксперимента с её настоящими границами и аспектами развития. На примерах демонстрируется работоспособность аналитических методов, большое развитие и их применение всё больше увеличивается.

Bisher sind erschienen:

Band 1 *Gerd Otto Müller*
Stand und Trends der Experimentalmethodik in der Festkörperphysik
1975. XII, 68 Seiten — 16 Abbildungen — 14,5×21,5 cm — 12,50 M
Bestell-Nr. 762 002 0 (2167/1) — vergriffen —

Band 2 *Werner Schulze*
Wissenschaftliche Forschung und elektronische Rechentechnik
1975. XII, 140 Seiten — 7 Abbildungen — 6 Tabellen — 14,5×21,5 cm — 15,— M
Bestell-Nr. 762 003 9 (2167/2)

Band 3 *Gerhard Etzold*
Aufgaben und Organisation eines methodischen Zentrums in der molekularbiologischen Forschung
1976. IX, 53 Seiten — 2 Abbildungen — 14,5×21,5 cm — 6,— M
Bestell-Nr. 762 004 7 (2167/3)

Band 4 *Gisela Härtler*
Versuchsplanung und statistische Datenanalyse
1976. XIII, 103 Seiten — 6 Abbildungen — 3 Tabellen — 14,5×21,5 cm — 12,— M
Bestell-Nr. 762 296 6 (2167/4) — vergriffen —

Band 5 *Wolfgang Meiling*
Mikroprozessor — Mikrorechner
Funktion und Anwendung
2. Auflage 1979. XIV, 215 Seiten — 46 Abbildungen — 15 Tabellen — 14,5×21,5 cm
21,— M
Bestell-Nr. 762 639 3 (2167/5) — vergriffen —

Band 6 *Manfred Bonitz*
Wissenschaftliche Forschung und wissenschaftliche Information
2. Auflage 1981. XII, 199 Seiten — 32 Abbildungen — 6 Tabellen — 14,5×21,5 cm
21,— M
Bestell-Nr. 762 763 6 (2167/6) — vergriffen —

Band 7 *Bert Pegel*
Empirische Modellbildung und Versuchsplanung
1980. X, 75 Seiten — 5 Abbildungen — 14,5×21,5 cm — 9,50 M
Bestell-Nr. 762 794 3 (2167/7) — vergriffen —

Band 8 *Rudolf Arthur Pose*
Rechnergestützte Bildverarbeitung
Erkenntnisse und Erfahrungen aus der Hochenergiephysik
1981. XVII, 227 Seiten — 94 Abbildungen — 14,5×21,5 cm — 30,— M
Bestell-Nr. 762 973 8 (2167/8)

Band 9 **Forschungstechnologie**
Aufgaben — Probleme — Aktivitäten
Vorträge auf dem Kolloquium anläßlich des 65. Geburtstages von Helmuth Faulstich
1983. VII, 196 Seiten — 41 Abbildungen, davon 9 auf 8 Kunstdrucktafeln — 14,5×21,5 cm — 28,— M
Bestell-Nr. 763 047 2 (2167/9)

Band 10 *Peter Liewers*
Rauschdiagnostik
1985. XIV, 231 Seiten — 105 Abbildungen — 5 Tabellen — 14,5×21,5 cm — 32,— M
Bestell-Nr. 763 389 2 (2167/10)

Band 11 *Reinald Hillebrand u. a.*
Bildinterpretation in der Hochauflösungs-Elektronenmikroskopie
Numerische und optische Verfahren zur Interpretation elektronenmikroskopischer Hochauflösungsabbildungen kristalliner Objekte
1984. XIV, 126 Seiten — 53 Abbildungen, davon 35 auf 22 Kunstdrucktafeln — 4 Tabellen — 14,5×21,5 cm — 22,— M
Bestell-Nr. 763 432 6 (2167/11)

Band 12 *Karl-Heinz Müller*
Zuverlässigkeit und Funktionseffektivität komplizierter technischer Systeme
1986. XIV, 152 Seiten — 23 Abbildungen — 2 Tabellen — 14,5×21,5 cm — 22,— M
Bestell-Nr. 763 547 6 (2167/12)

Sonderband 1
Forschen und Nutzen
Wilhelm Ostwald zur wissenschaftlichen Arbeit
Aus seinen Schriften ausgewählt, bearbeitet und zusammengestellt anläßlich seines 125. Geburtstages von *Günther Lotz, Lothar Dunsch Uta Kring* unter Mitarbeit von *Brigitte Millik*
Mit einem Geleitwort von *Peter Adolf Thiessen* und einer Einleitung von *Günther Lotz* und *Lothar Dunsch*
2., überarbeitete und erweiterte Auflage 1982
L, 372 Seiten — 22 Textillustrationen aus den Originalschriften, 57 Abbildungen, davon 12 farbige, auf 49 Kunstdrucktafeln — 14,5×21,5 cm — Leinen 48,— M
Bestell-Nr. 763 049 9 (2167/S 1) — vergriffen —

Sonderband 2
Rainer Franke
Optimierungsmethoden in der Wirkstofforschung
Quantitative Struktur-Wirkungs-Analyse
1980. XVI, 454 Seiten — 25 Abbildungen — 59 Tabellen — 14,5×21,5 cm — Leinen 45,— M
Bestell-Nr. 762 793 5 (2167/S 2) — vergriffen —

Rainer Franke
Theoretical Drug Design Methods
Bearbeitete und erweiterte Übersetzung von Sonderband 2
1984. 412 Seiten — 44 Abbildungen — 88 Tabellen — 16,5 × 24,2 cm — 55,— M
Bestell-Nr. 763 227 5 (6765)

Sonderband 3

Petr L. Kapica
Experiment — Theorie — Praxis
Aufsätze und Reden
Übersetzung aus dem Russischen

Bearbeitet und herausgegeben von Günther Lotz †, Dietrich Schulze, Wolfgang Wächter, Christa Winterstein
1984. XIX, 435 Seiten — 37 Abbildungen, davon 13 auf 4 Kunstdrucktafeln — 1 Frontispiz — 2 Tabellen — 14,5 × 21,5 cm — Leinen 54,— M
Bestell-Nr. 7632769 (2167/S3)

In Vorbereitung

Karl-Heinz Müller (Band 12)
Zuverlässigkeit und Funktionseffektivität komplizierter technischer Systeme

Frank Baldeweg / Arndt Lindner (Band 14)
Rechnergestützte Analyse von Störungen

Die Schriftenreihe erscheint in zwangloser Folge

FSC
www.fsc.org
MIX
Papier | Fördert gute Waldnutzung
FSC® C083411

Kolibri 360 GmbH
Ferdinand-Jühlke-Straße 7
99095 Erfurt, Deutschland
produktsicherheit@kolibri360.de